Xin Gouzhen Huayang
Jingxuan 600 Li

新钩针花样

精选600例

冒桂香 主编

辽宁科学技术出版社

· 沈阳 ·

本书编委会

主　编　冒桂香
编　委　罗　超　贺　丹　谭阳春　李玉栋

图书在版编目（CIP）数据

新钩针花样精选 600 例 / 冒桂香主编. -- 沈阳：辽
宁科学技术出版社，2012.8
ISBN 978-7-5381-7557-8

Ⅰ．①新…　Ⅱ．①冒…　Ⅲ．①钩针—编织—图集

Ⅳ．① TS935.521-64

中国版本图书馆 CIP 数据核字（2012）第 139630 号

如有图书质量问题，请电话联系
湖南攀辰图书发行有限公司
地址：长沙市车站北路 236 号芙蓉国土局 B 栋 1401 室
邮编：410000
网址：www.penqen.cn
电话：0731-82276692　82276693

出版发行：辽宁科学技术出版社
　　　　　（地址：沈阳市和平区十一纬路 29 号　邮编：110003）
印　刷　者：湖南新华精品印务有限公司
经　销　者：各地新华书店
幅面尺寸：210mm × 285mm
印　　张：9.5
字　　数：50 千字
出版时间：2012 年 8 月第 1 版
印刷时间：2012 年 8 月第 1 次印刷
责任编辑：郭　莹　攀　辰
摄　　影：郭　力
封面设计：多米诺设计·咨询　吴颖辉　黄凯妮
版式设计：攀辰图书
责任校对：合　力

书　　号：ISBN 978-7-5381-7557-8
定　　价：36.80 元
联系电话：024-23284376
邮购热线：024-23284502
淘宝商城：http://lkjcbs.tmall.com
E-mail：lnkjc@126.com
http://www.lnkj.com.cn
本书网址：www.lnkj.cn/uri.sh/7557

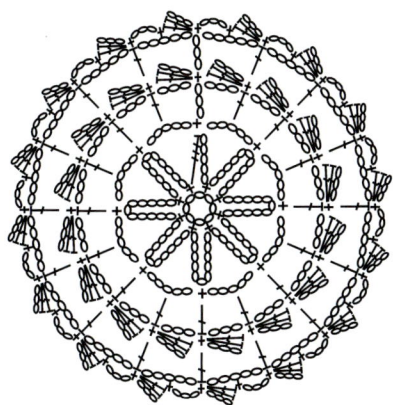

/001

/002

/003

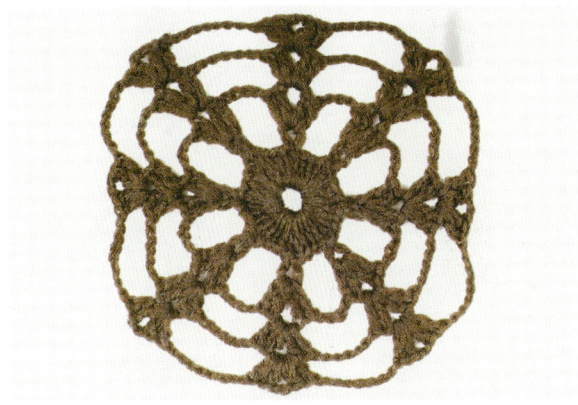

/004

005 /

006 /

007 /

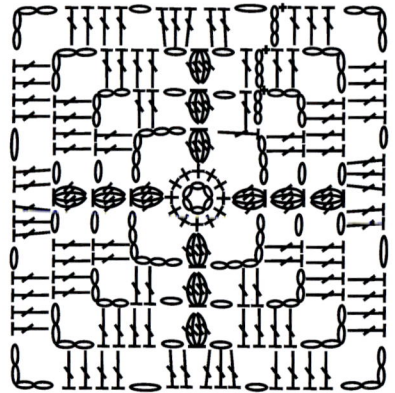

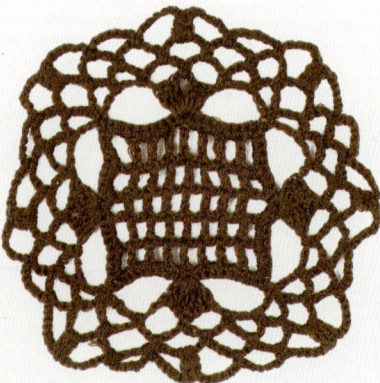

008 /

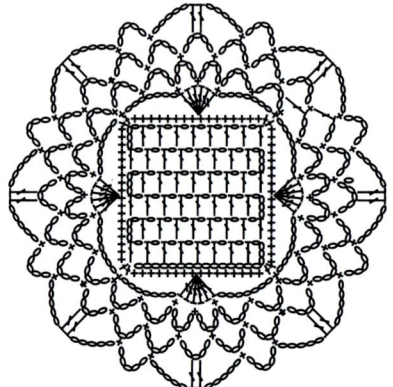

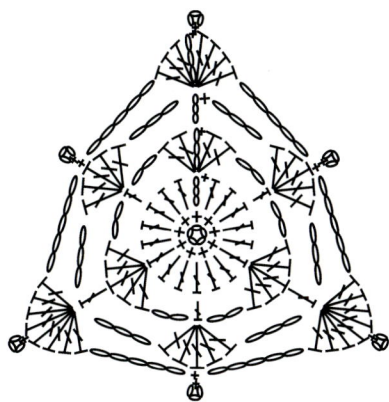

/009

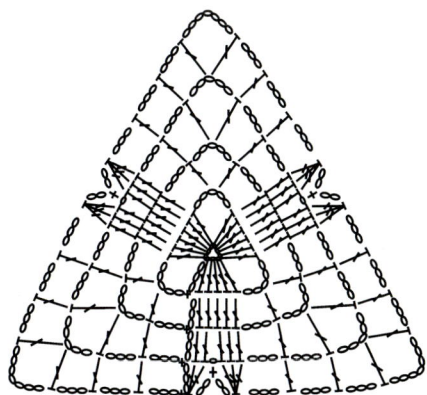

/010

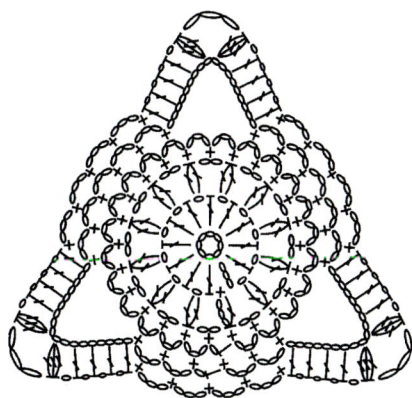

/011

/012

 013/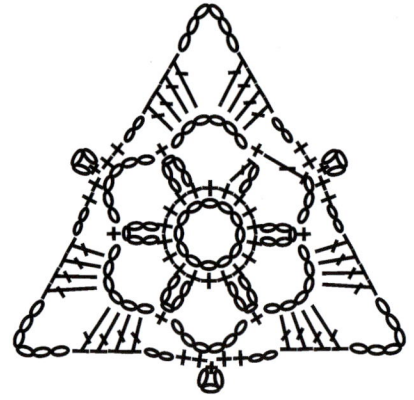

 014/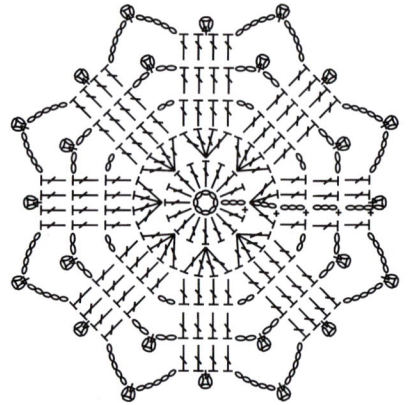

 015/

 016/

/017

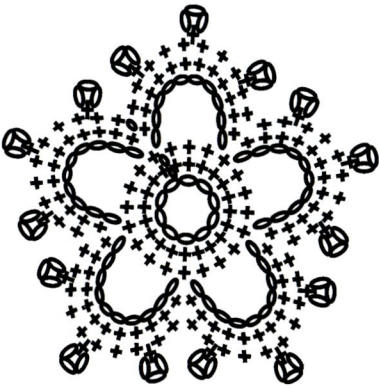

/018

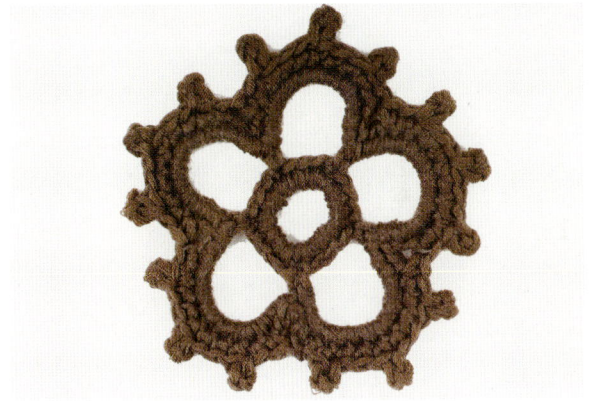

/019

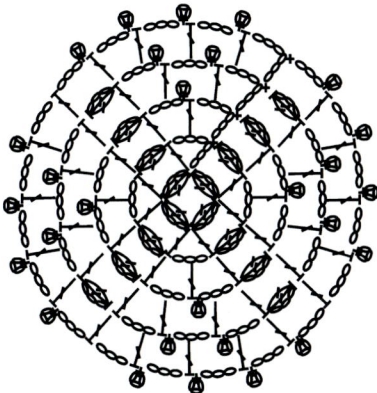

/020

021/

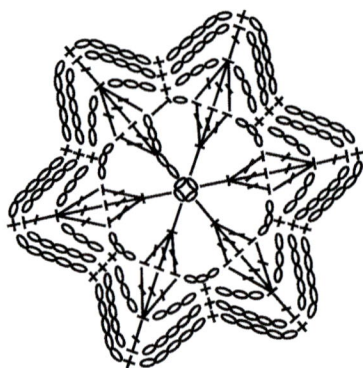

022/

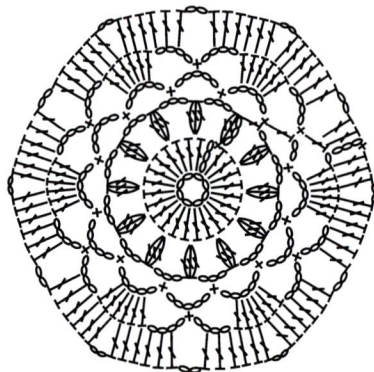

023/

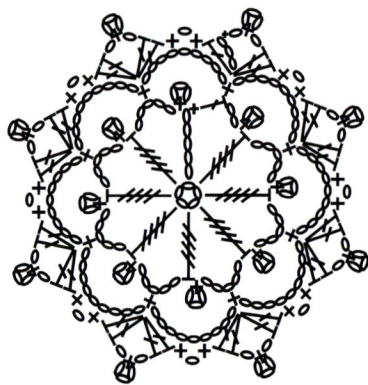

024/

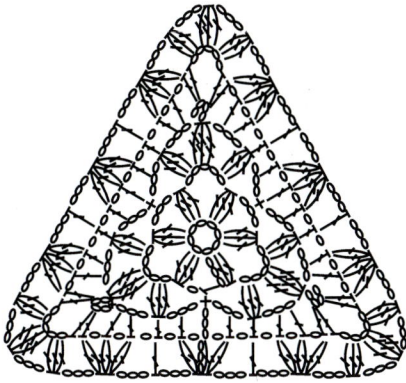

/025

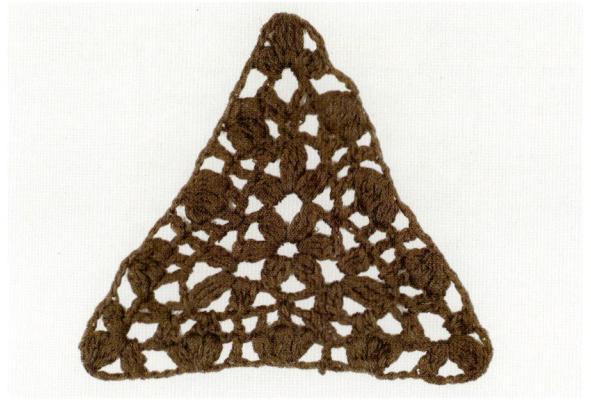

/026

/027

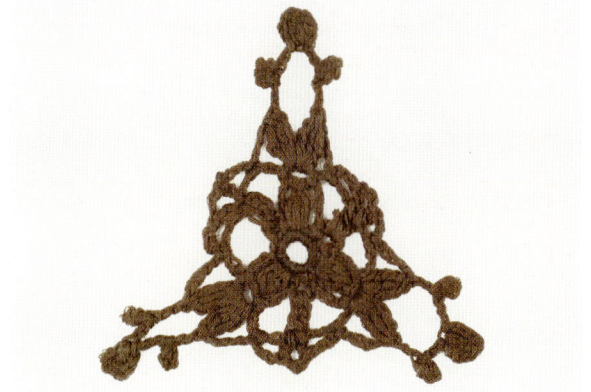

/028

029/

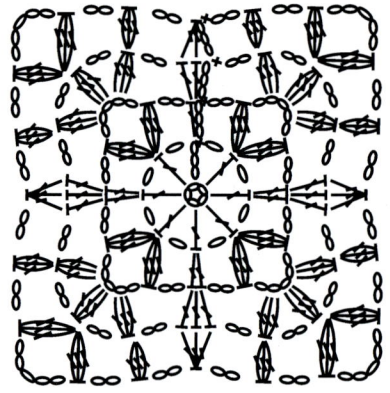

030/

031/

032/

/033

/034

/035

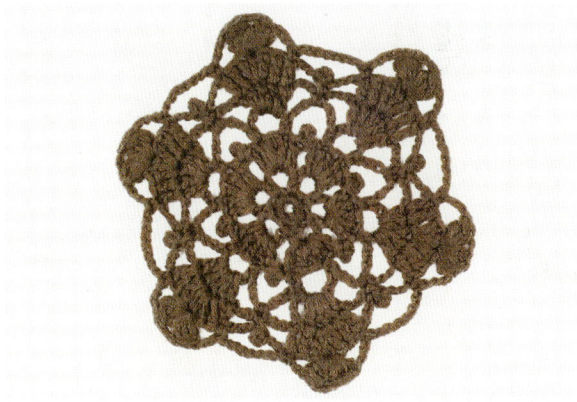

/036

037/

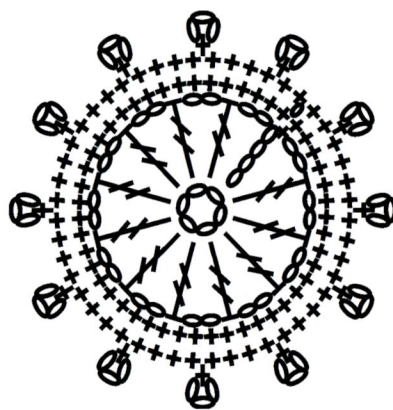

038/

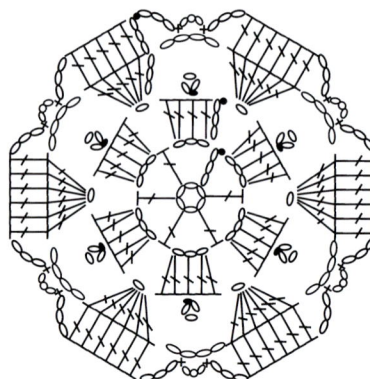

039/

040/

/041

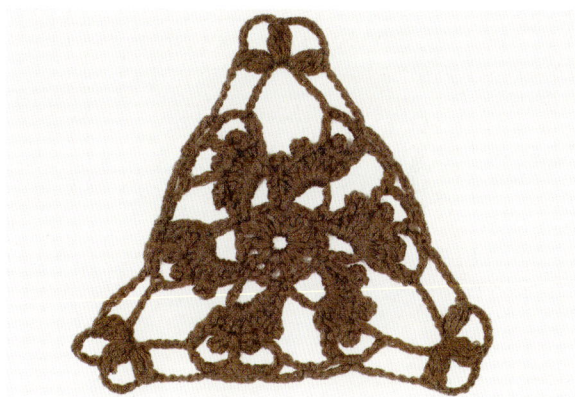

/042

/043

/044

045/

046/

047/

048/

/049

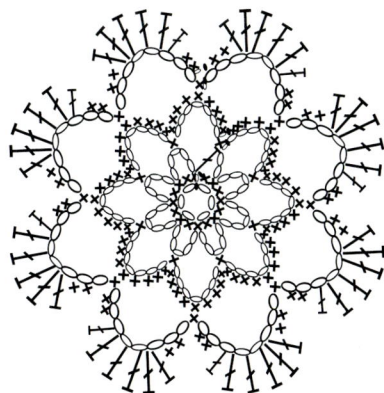

/050

/051

/052

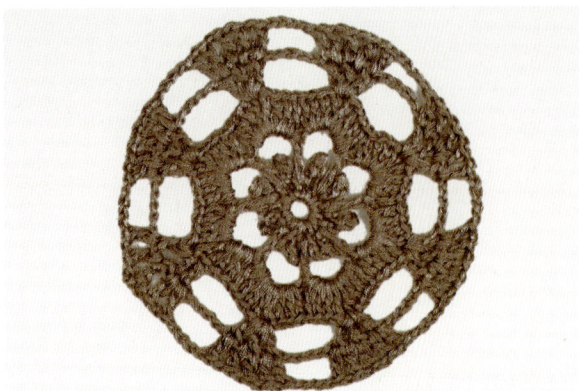

053/

054/

055/

056/

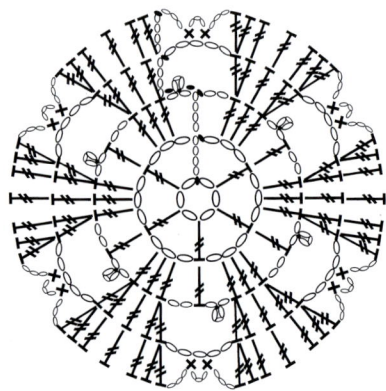

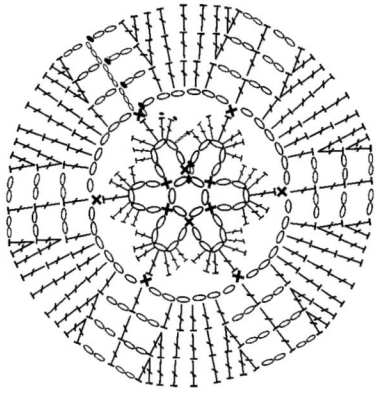

/057

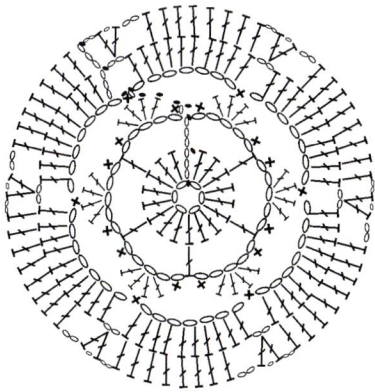

/058

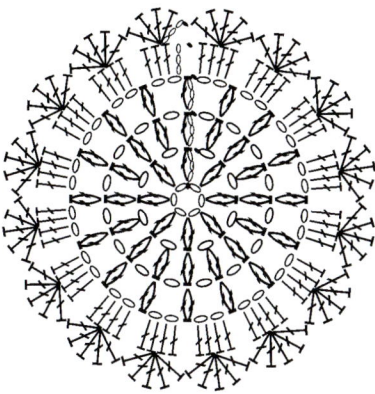

/059

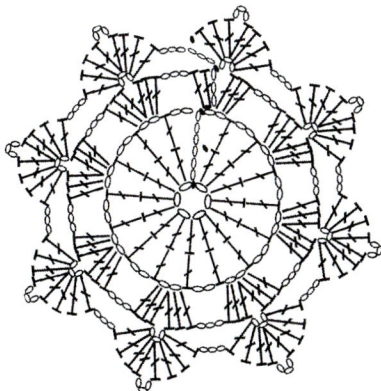

/060

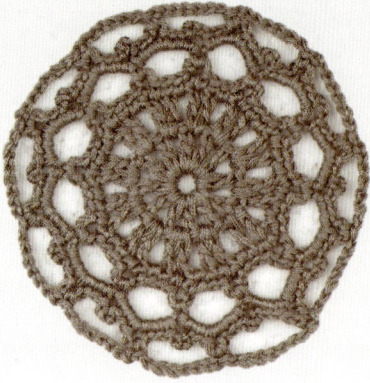

061/

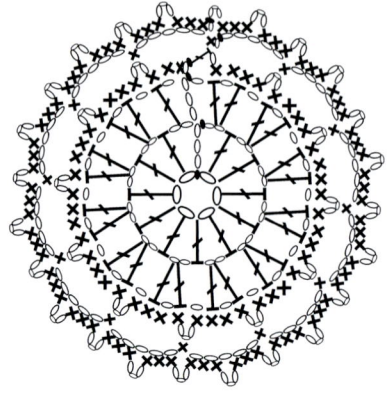

062/

063/

064/

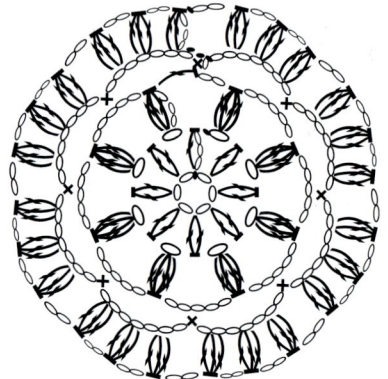

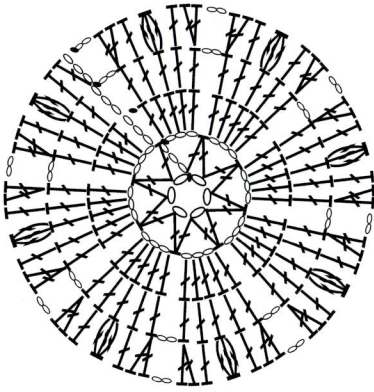

/065

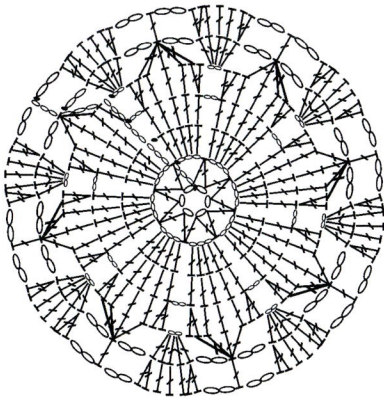

/066

/067

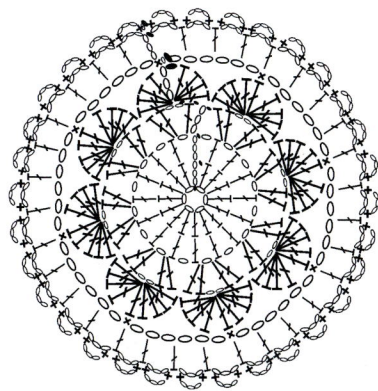

/068

069/

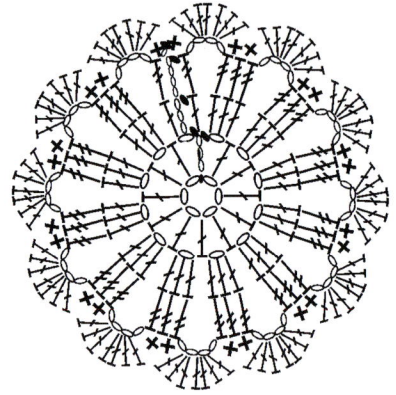

070/

071/

072/

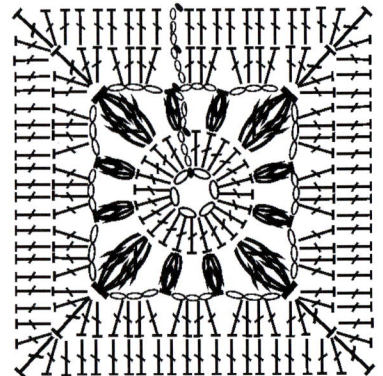

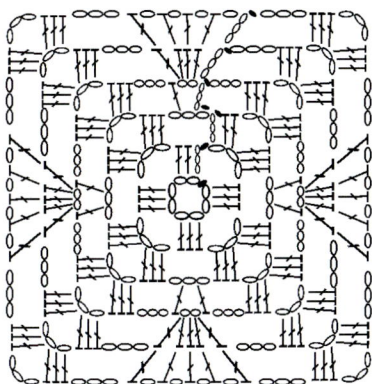

/073

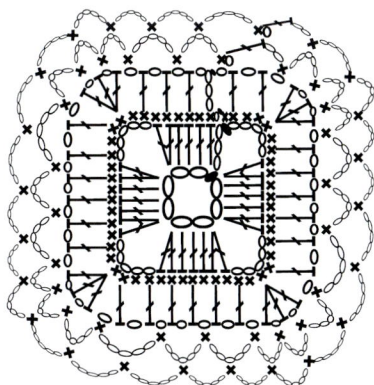

/074

/075

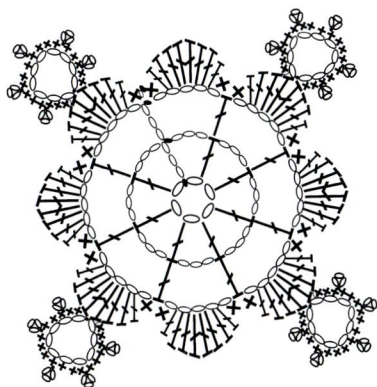

/076

077 /

078 /

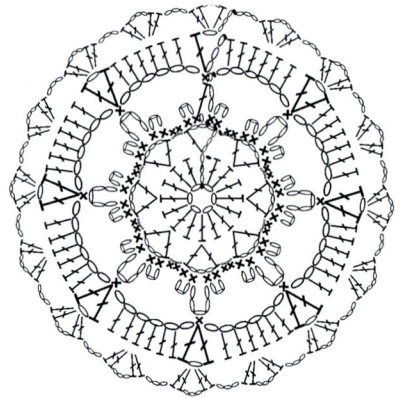

079 /

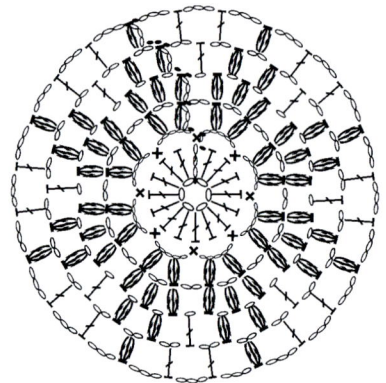

080 /

/081

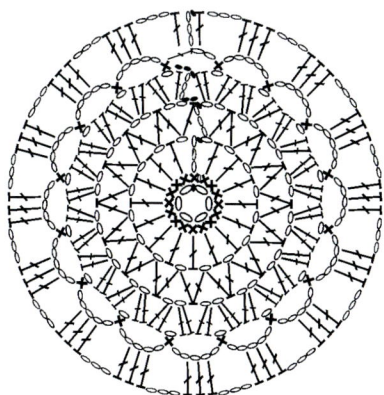

/082

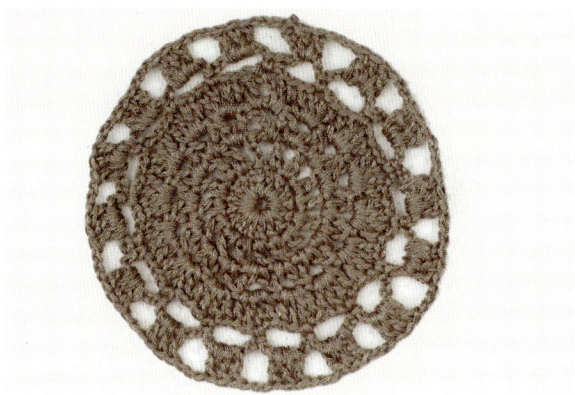

/083

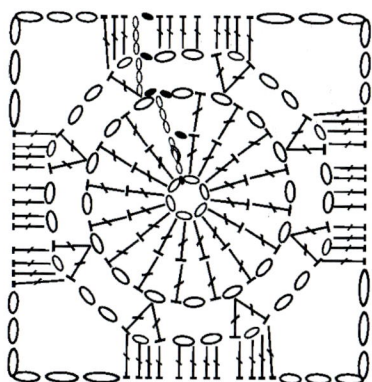

/084

085/

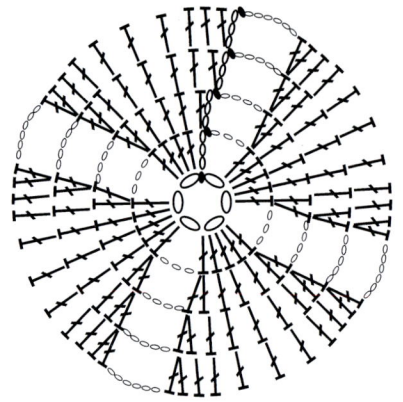

086/

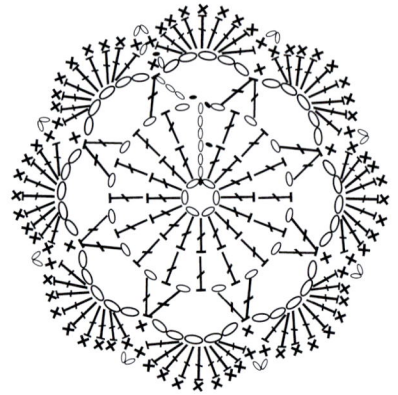

087/

088/

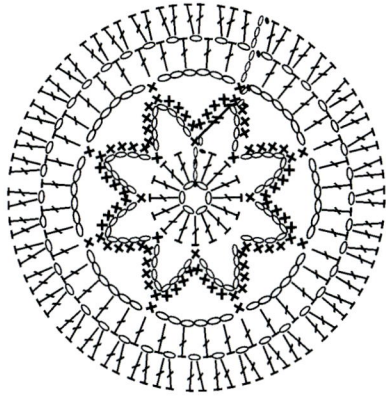

/089

/090

/091

/092

093/

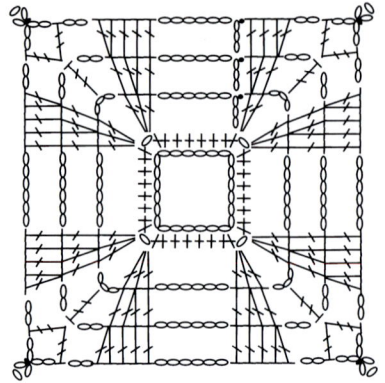

094/

095/

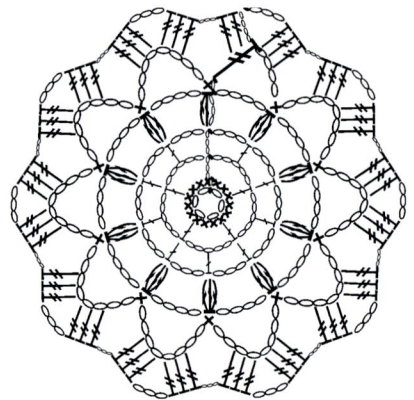

096/

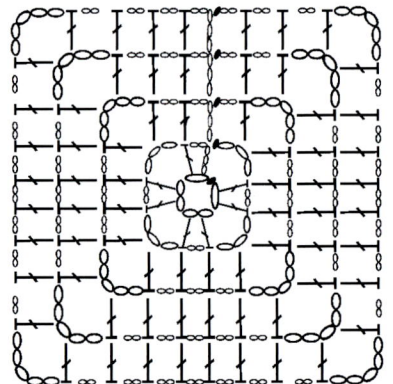

/097

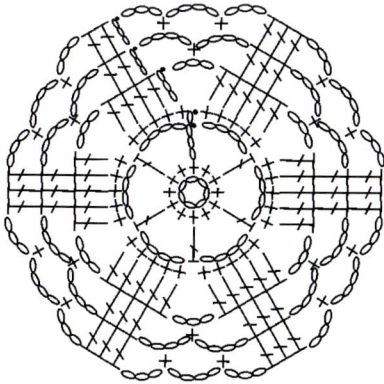

/098

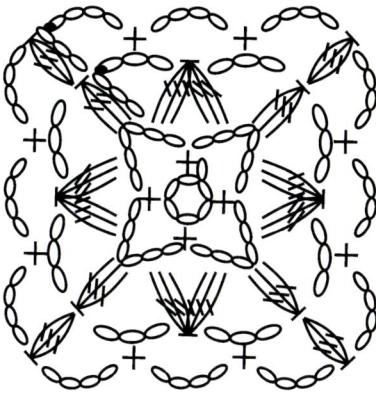

/099

/100

101/

102/

103/

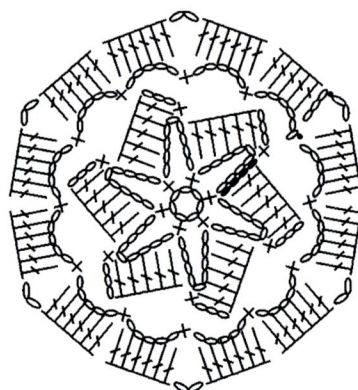

104/

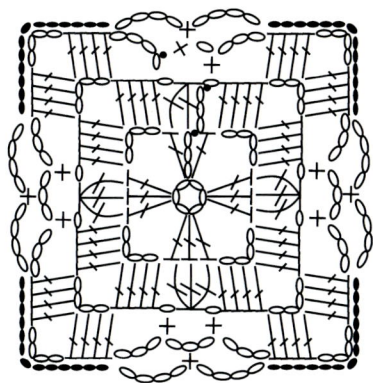

/ 105

/ 106

/ 107

/ 108

109/

110/

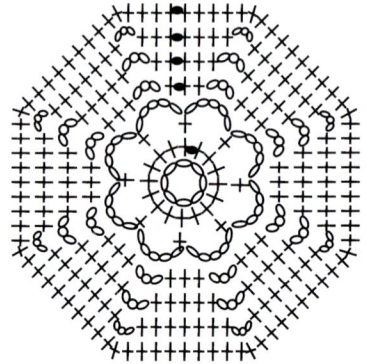

111/

112/

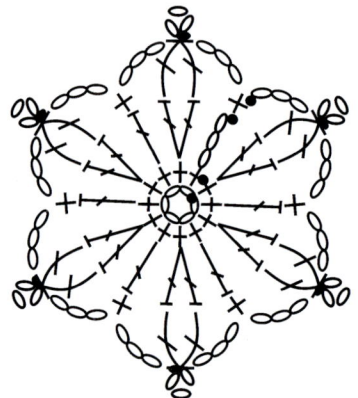

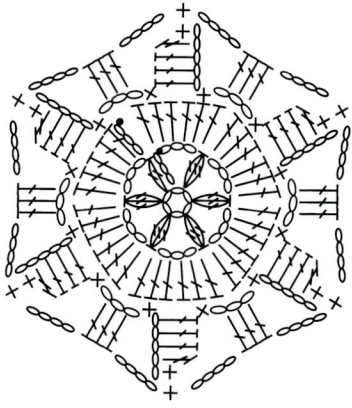

/ 113

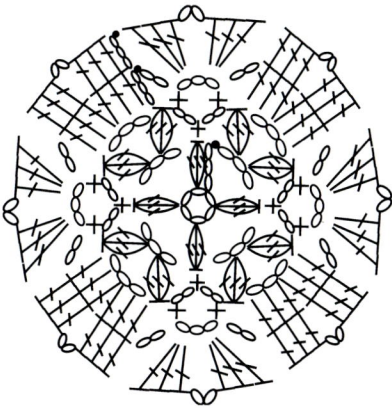

/ 114

/ 115

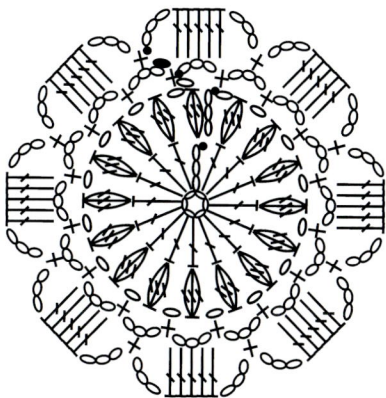

/ 116

117/

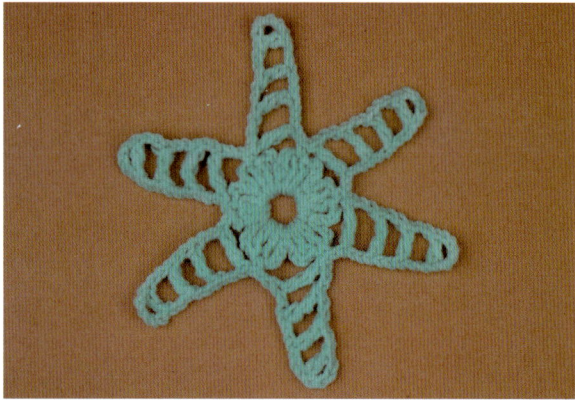

118/

119/

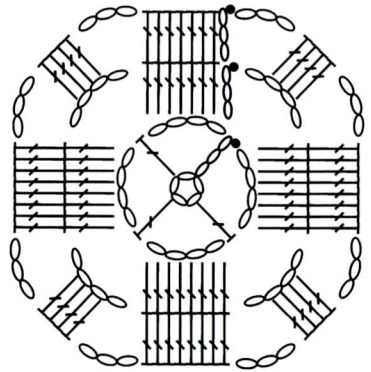

120/

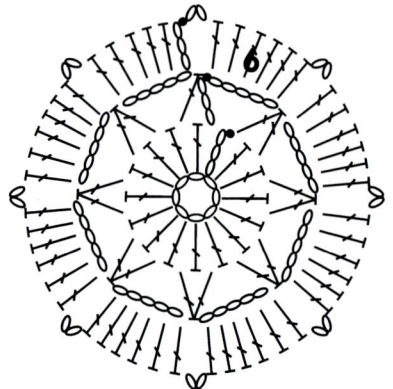

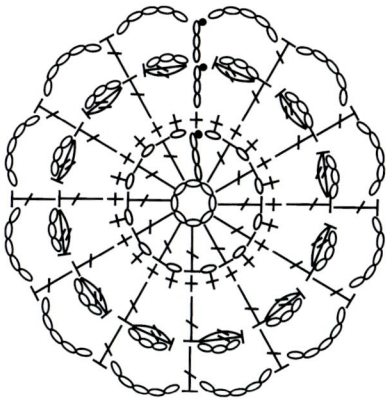

/121

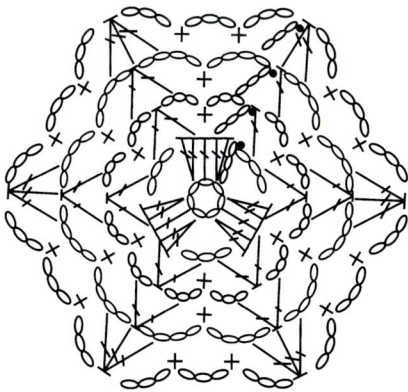

/122

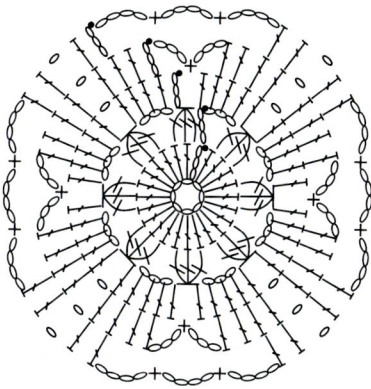

/123

/124

 125/

 126/

 127/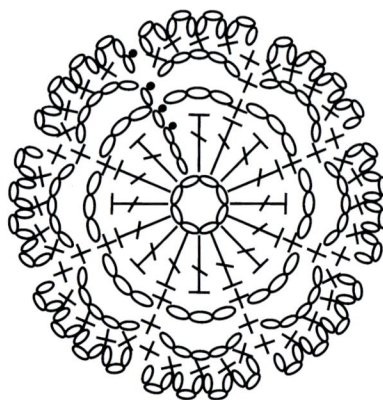

 128/

/129

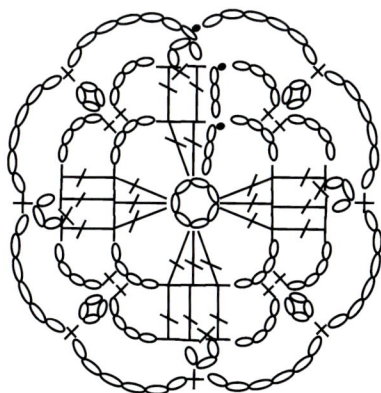

/130

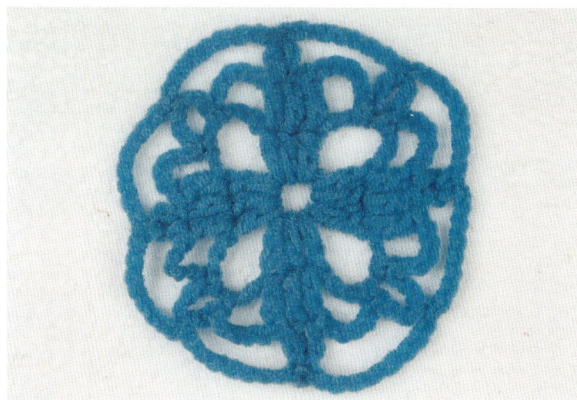

/131

/132

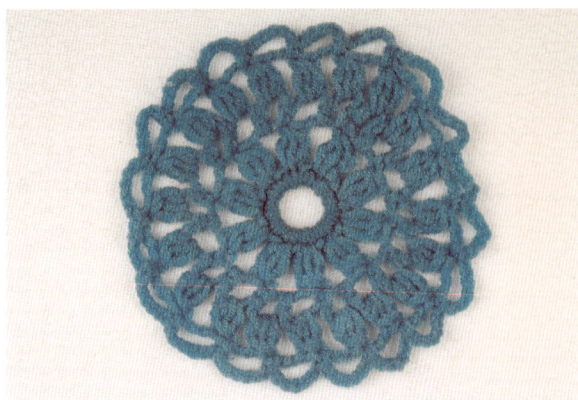

133/

134/

135/

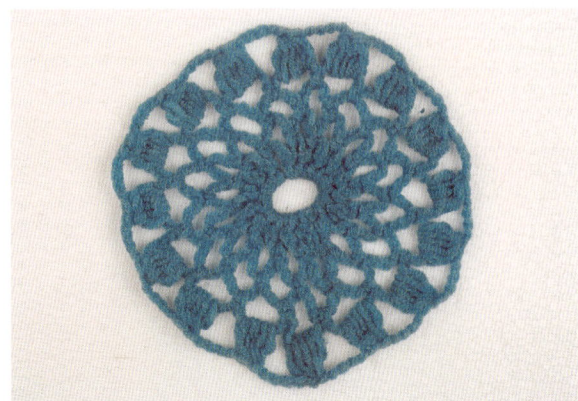

136/

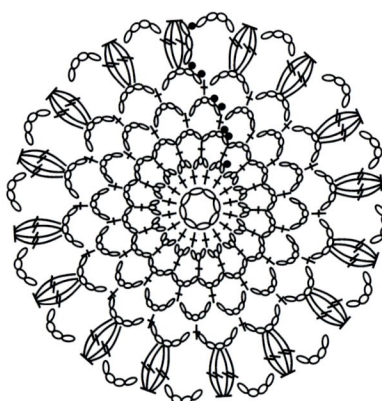

/137

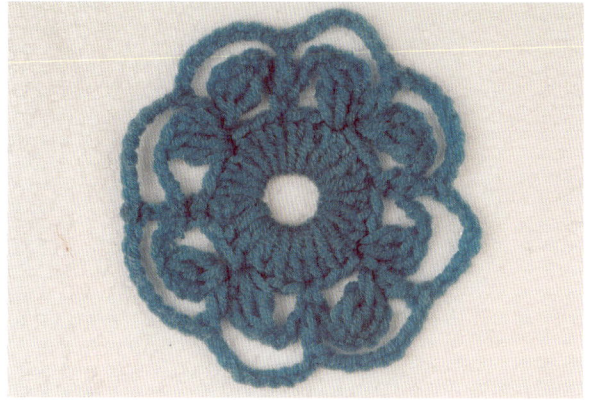

/138

/139

/140

141 /

142 /

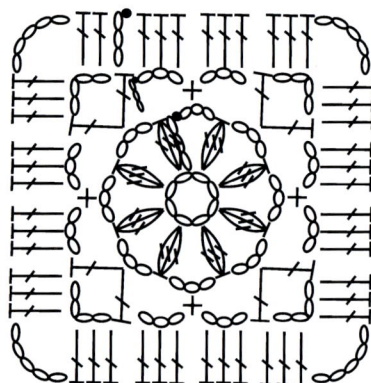

143 /

144 /

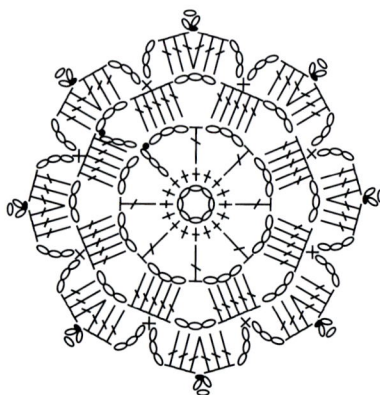

/145

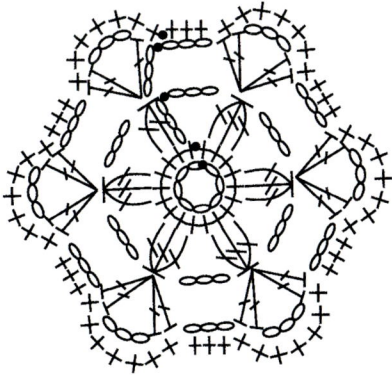

/146

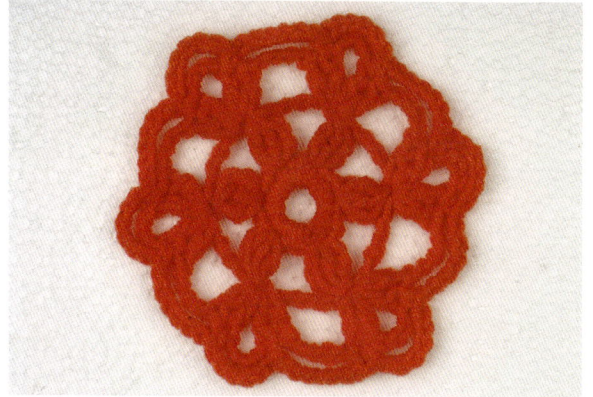

/147

/148

149/

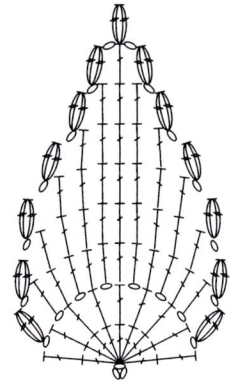

150/

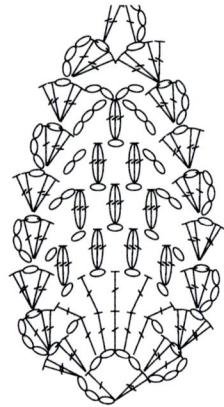

151/

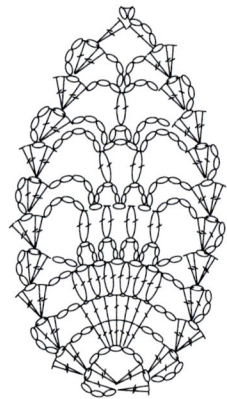

152/

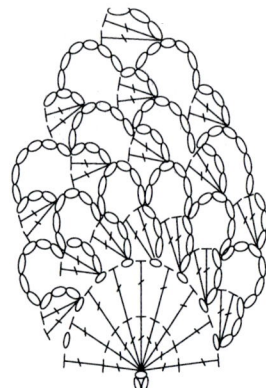

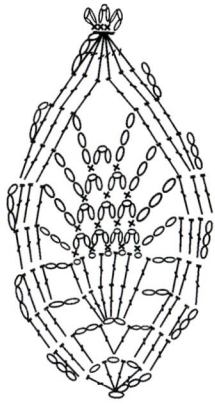

/153

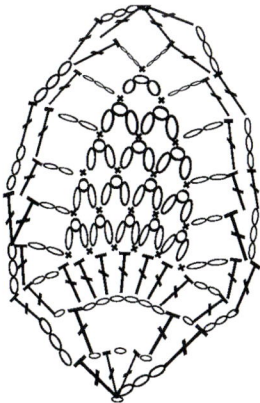

/154

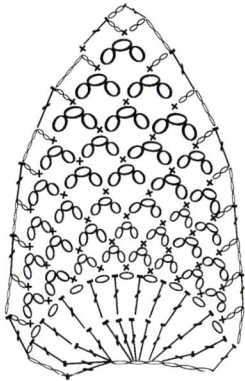

/155

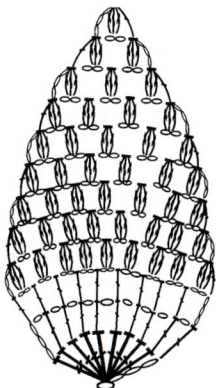

/156

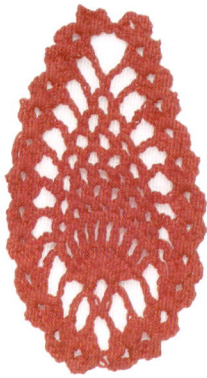

157 /

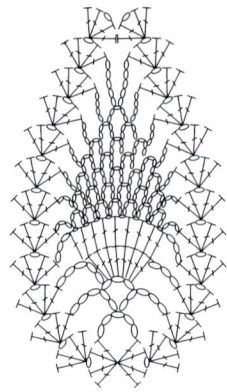

158 /

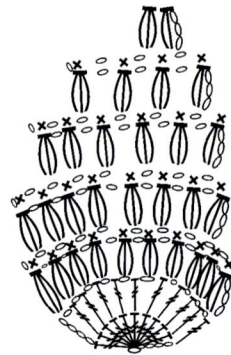

159 /

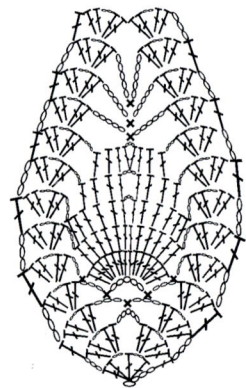

160 /

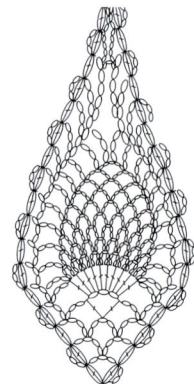

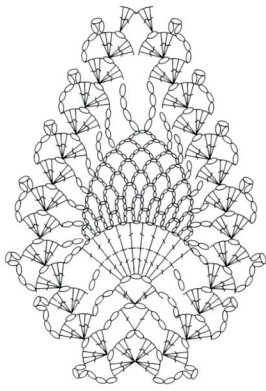

/161

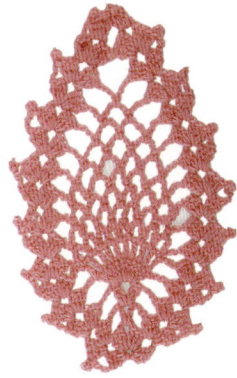

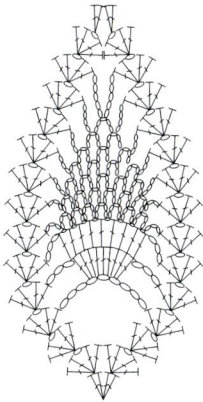

/162

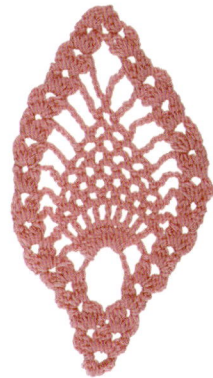

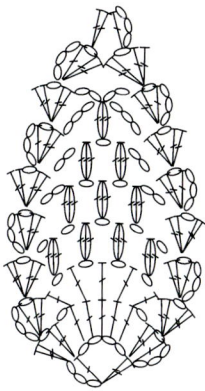

/163

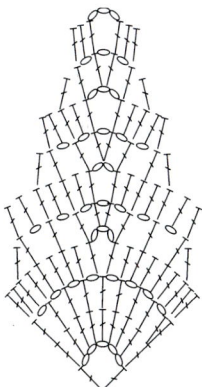

/164

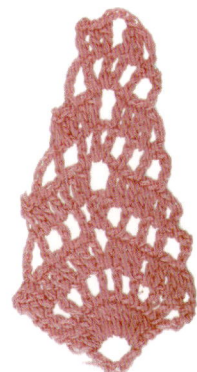

165/

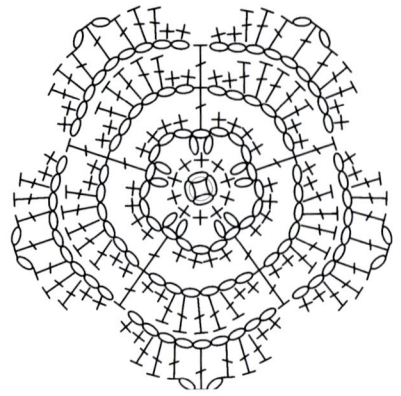

166/

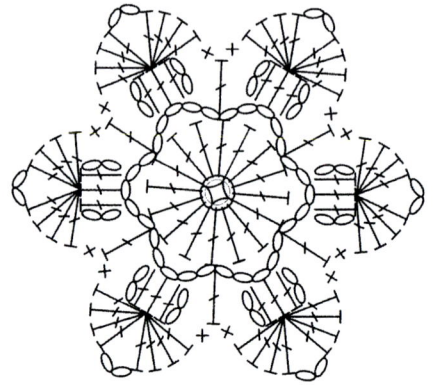

167/

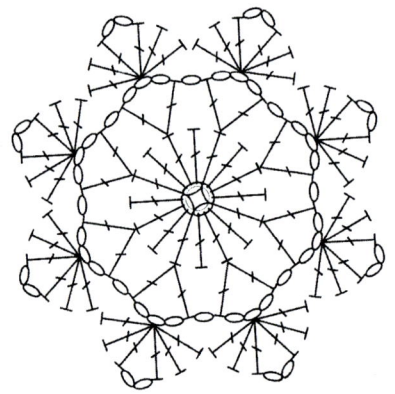

168/

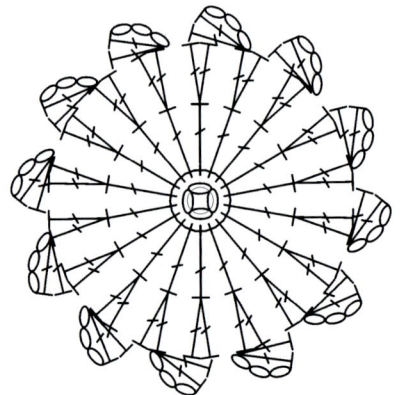

/169

/170

/171

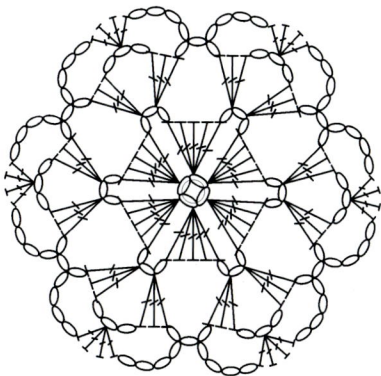

/172

/173/

/174/

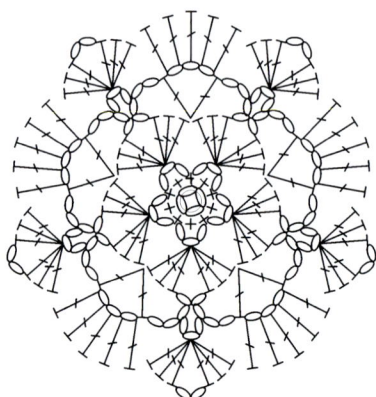

/175/

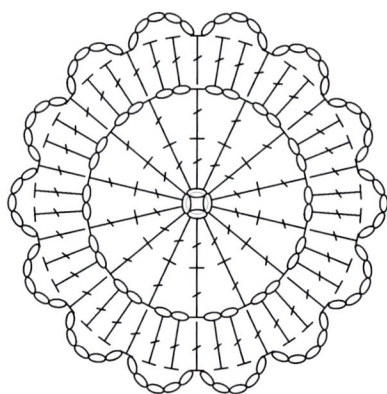

/176/

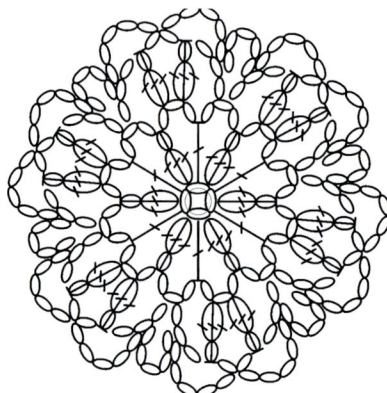

/ 177

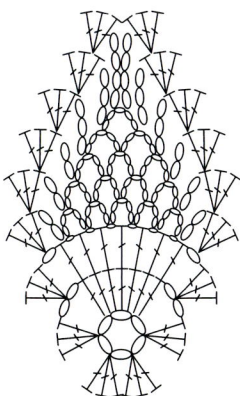

/ 178

/ 179

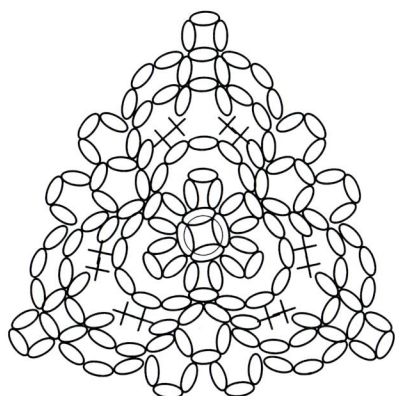

/ 180

181/

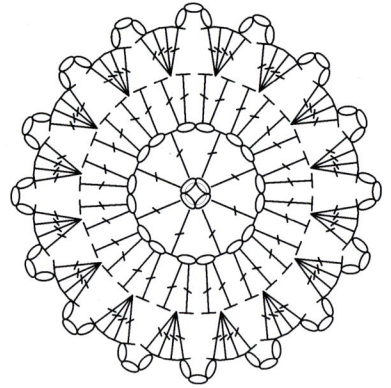

182/

183/

184/

/185

/186

/187

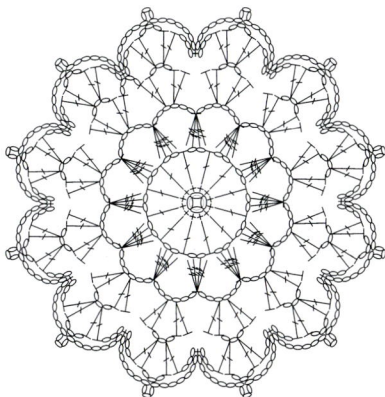

/188

/189/

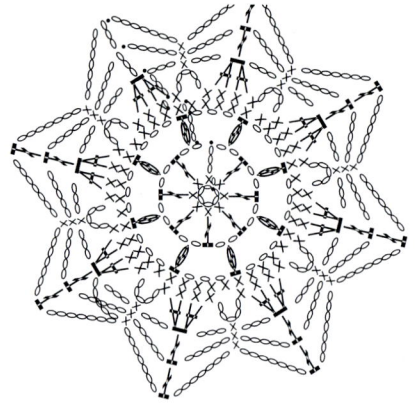

/190/

/191/

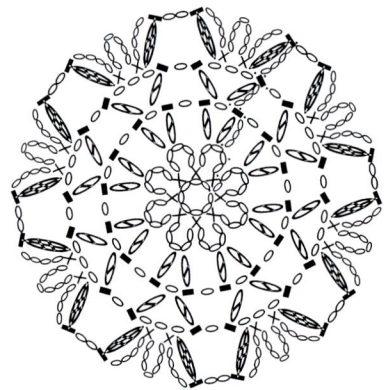

/192/

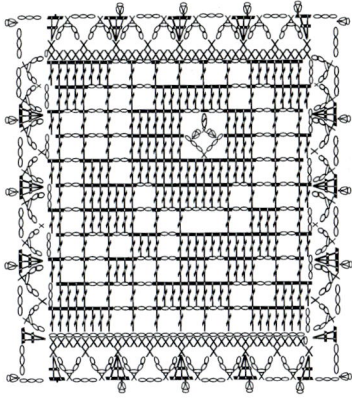

/193

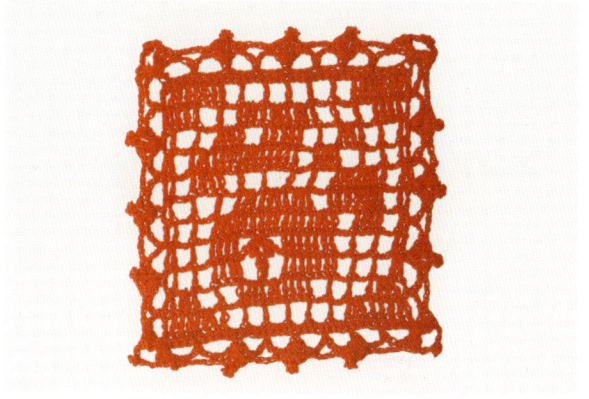

/194

/195

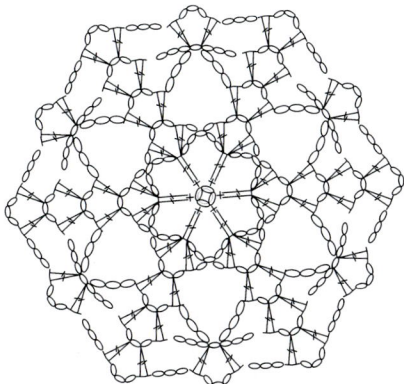

/196

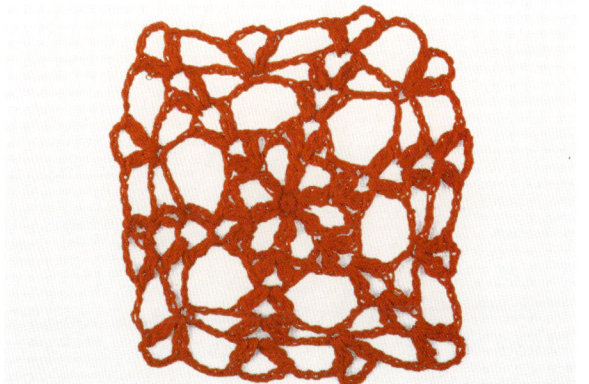

 197/

 198/

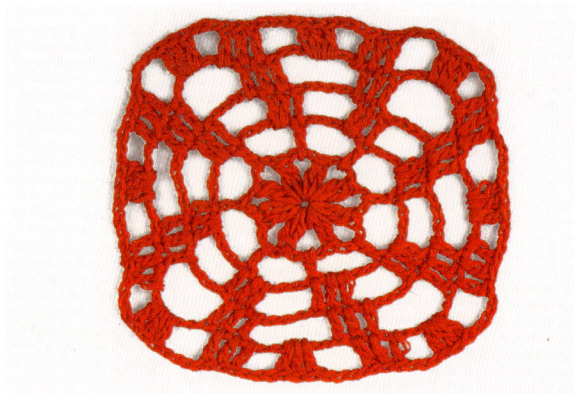 199/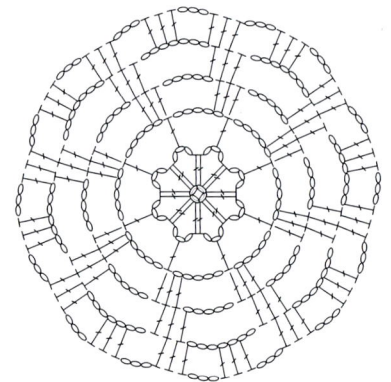

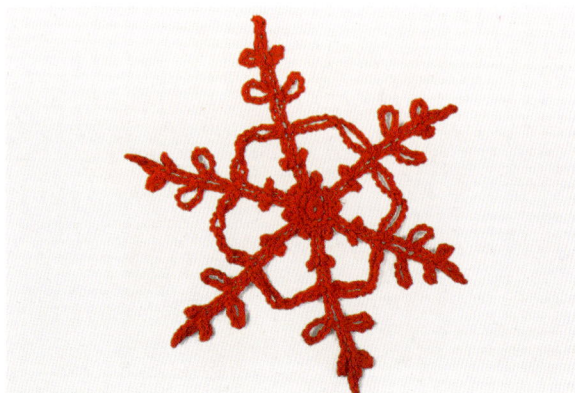 200/

/201

/202

 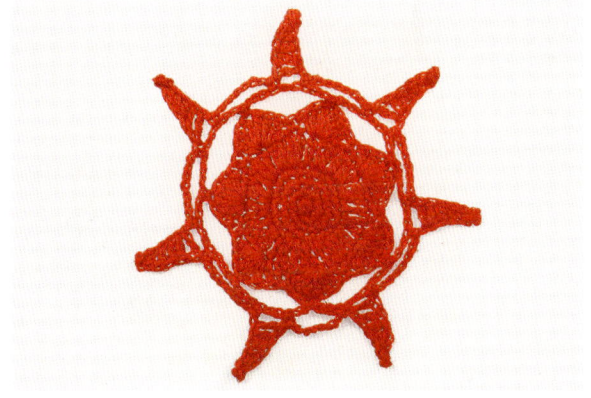

/203

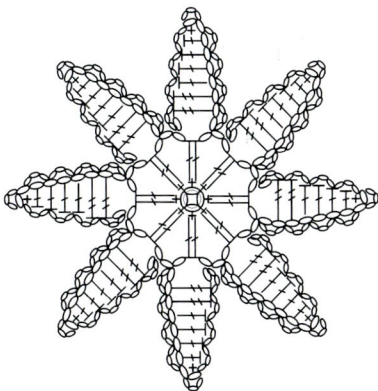 

/204

205 /

206 /

207 /

208 /

/209

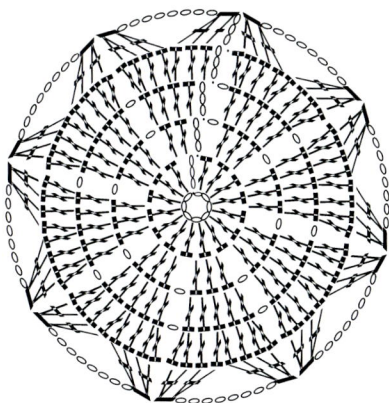

/210

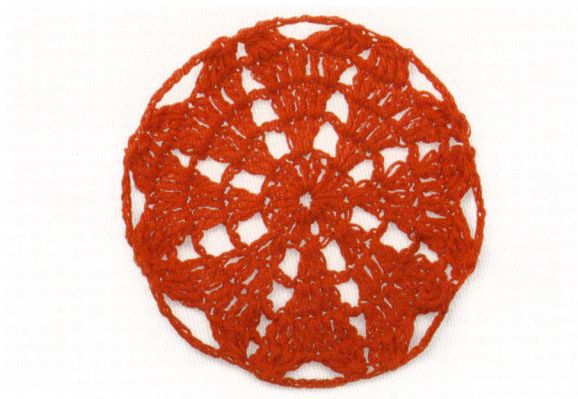

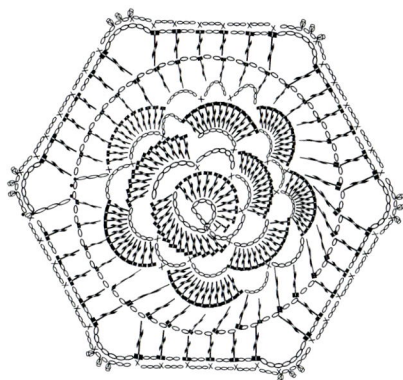

/211

/212

213/

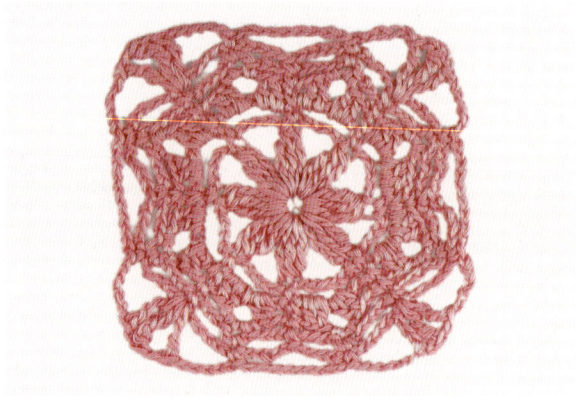

214/

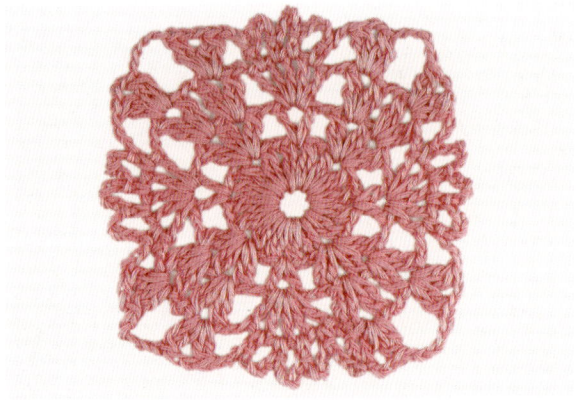

215/

216/

/217

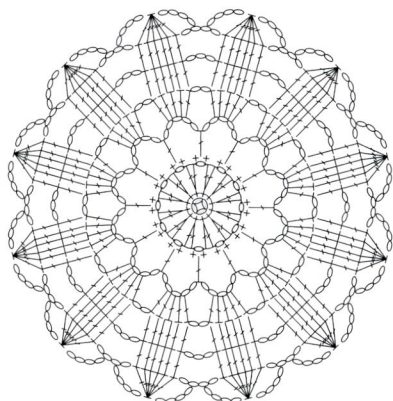

/218

/219

/220

 221/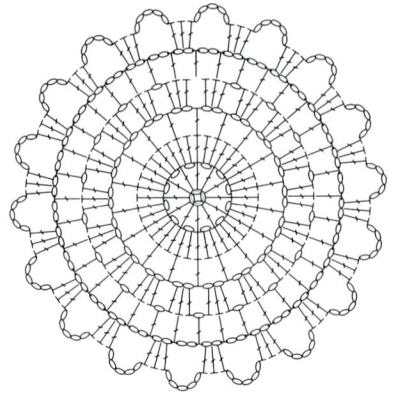

 222/

 223/

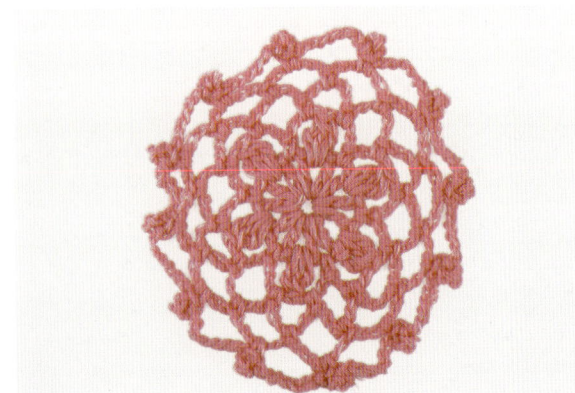 224/

/225

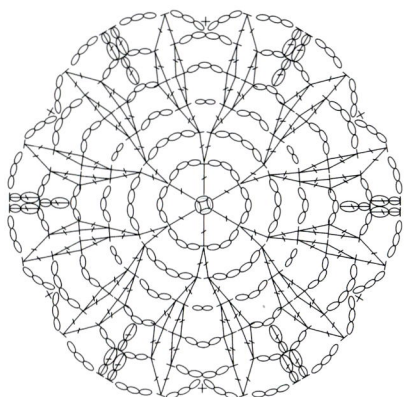

/226

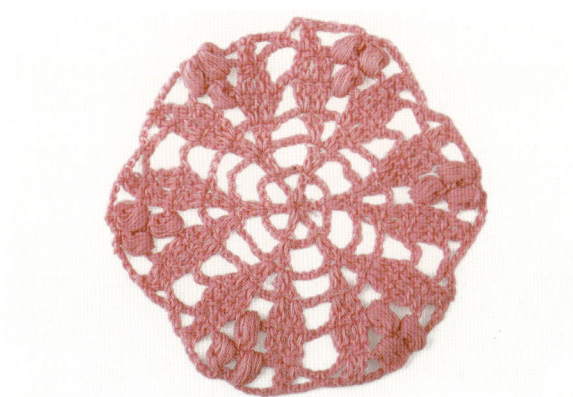

/227

/228

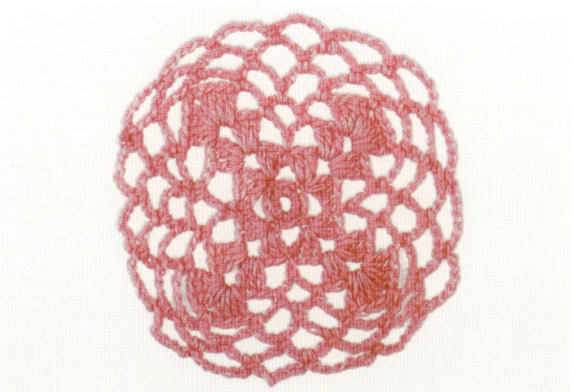

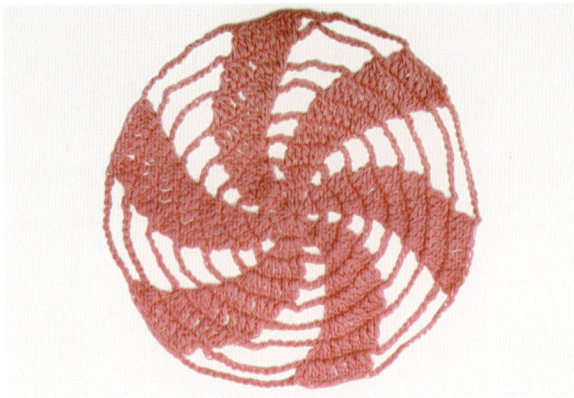

229/

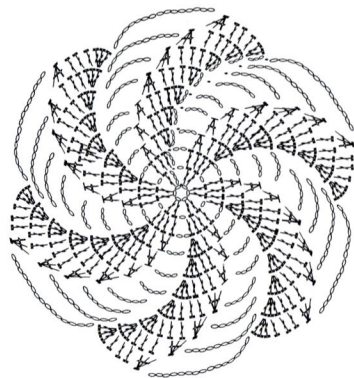

230/

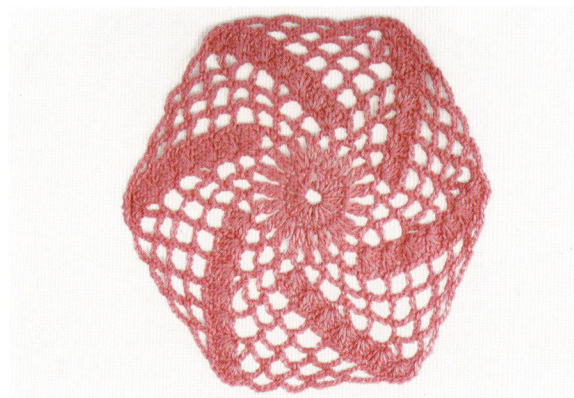

231/

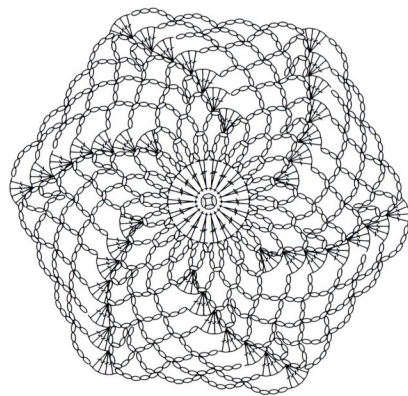

232/

/233

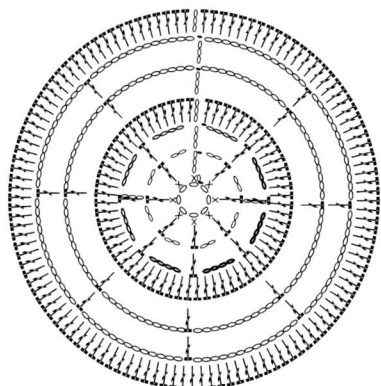

/234

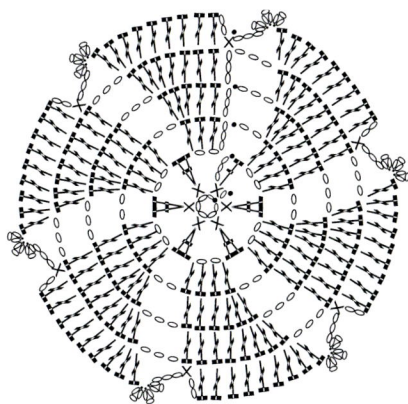

/235

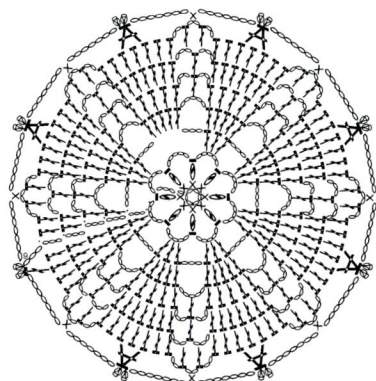

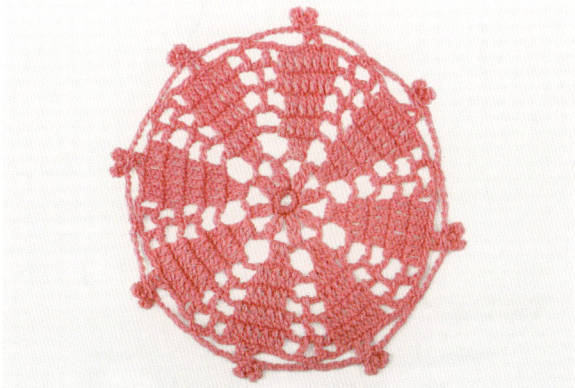

/236

237/

238/

239/

240/

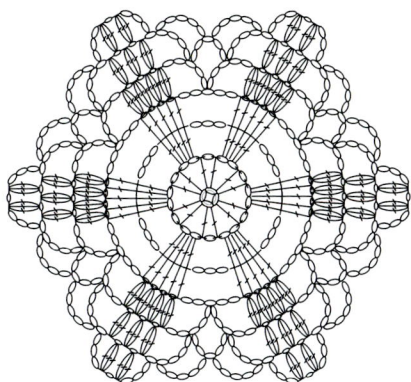

/241

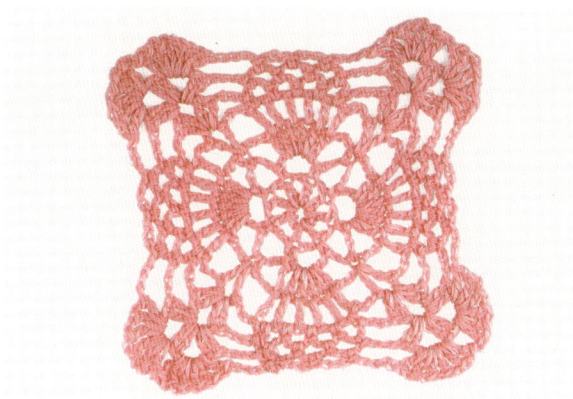

/242

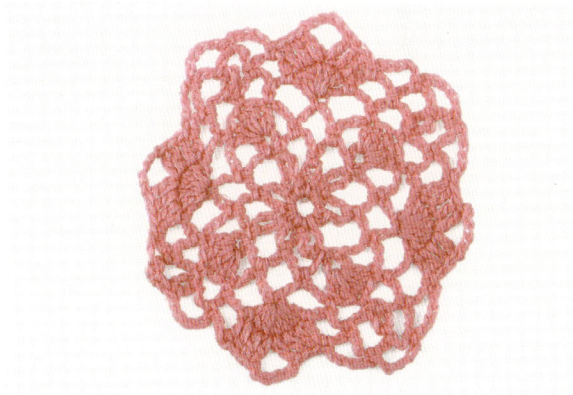

/243

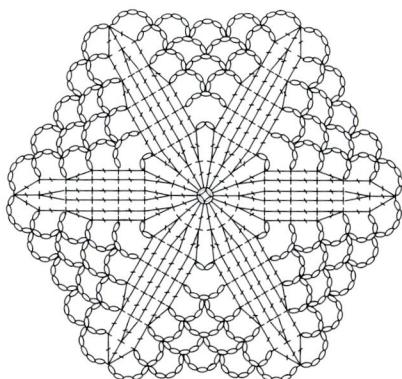

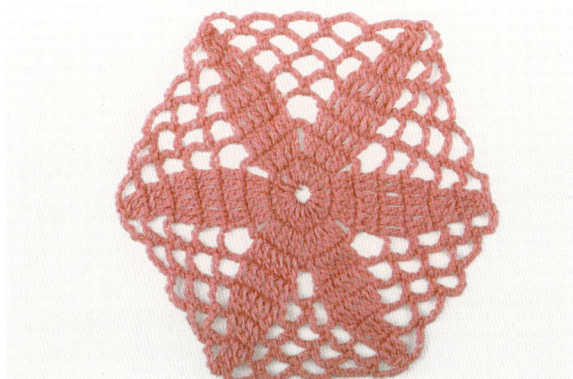

/244

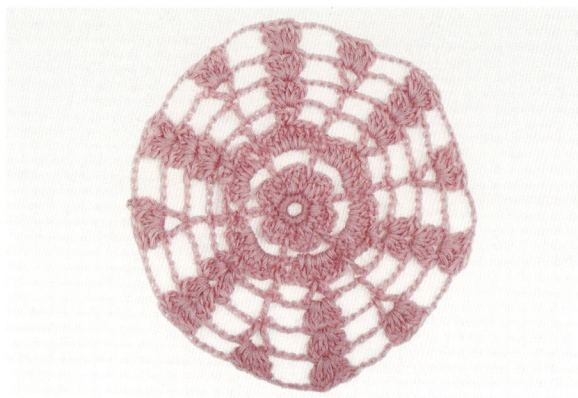

245/

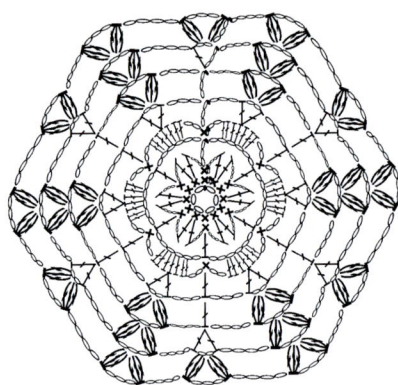

246/

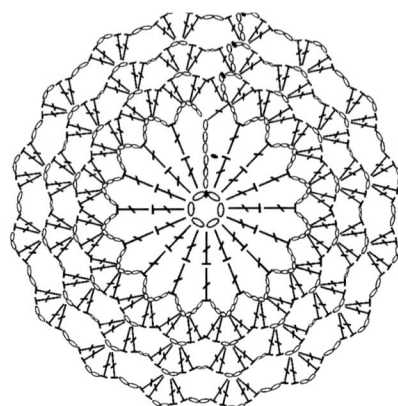

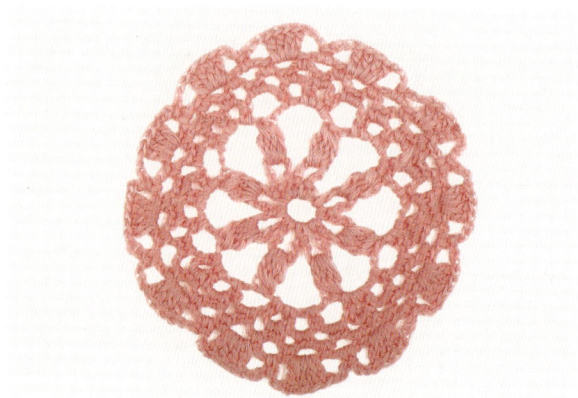

247/

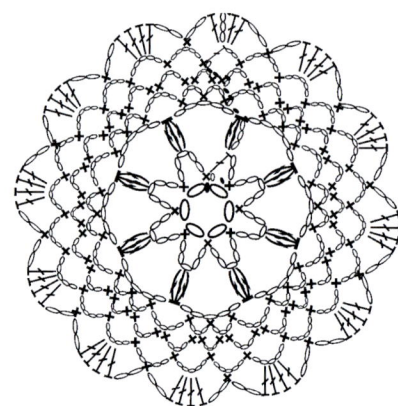

248/

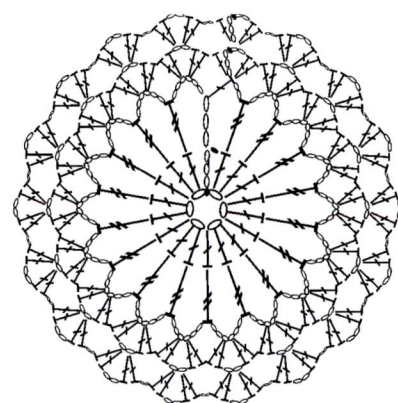

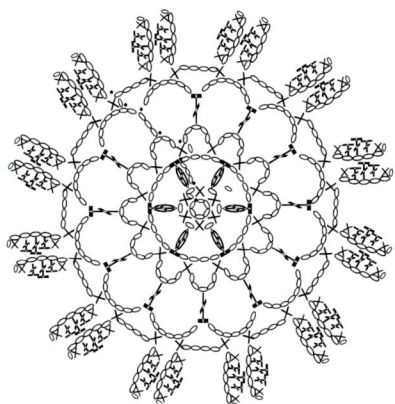

/249

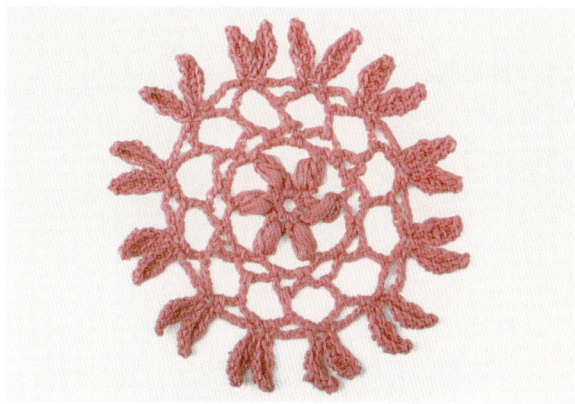

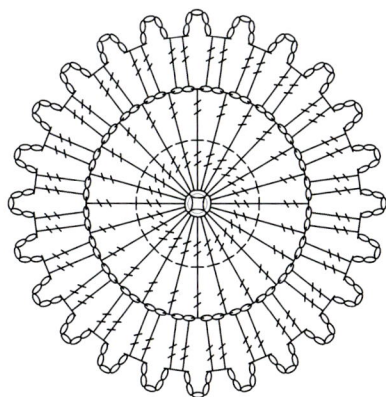

/250

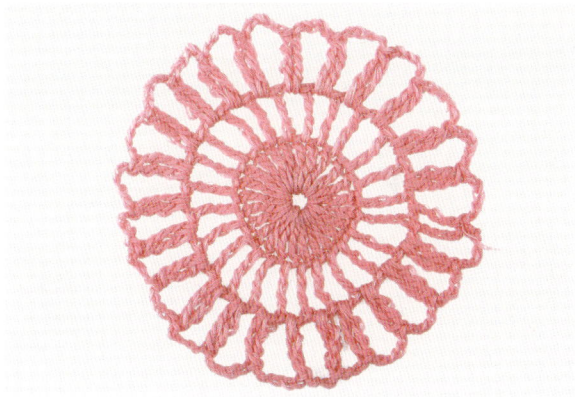

/251

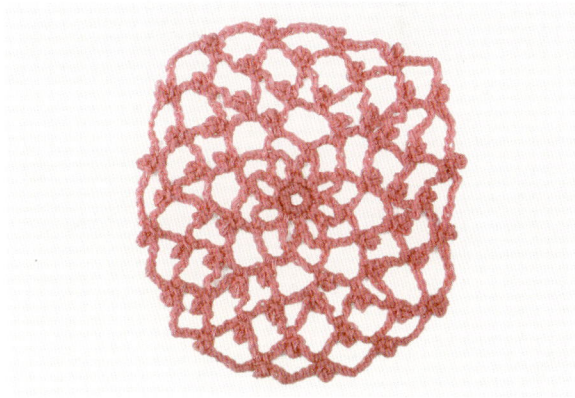

/252

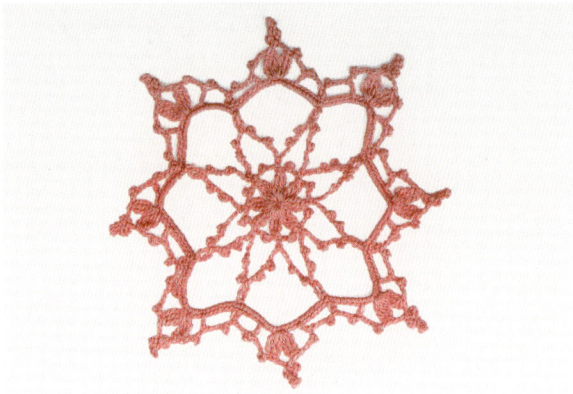
253/

254/

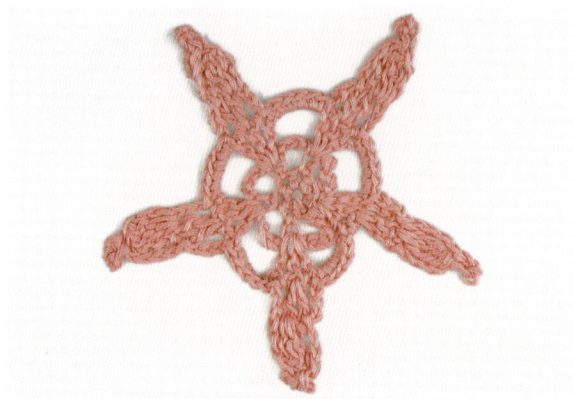
255/
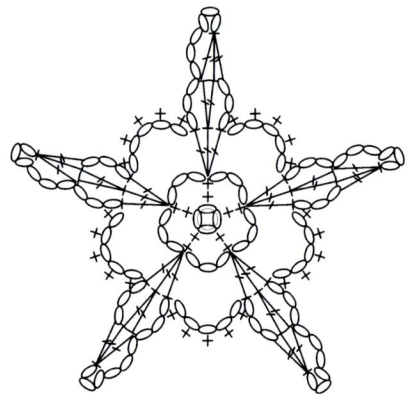

256/
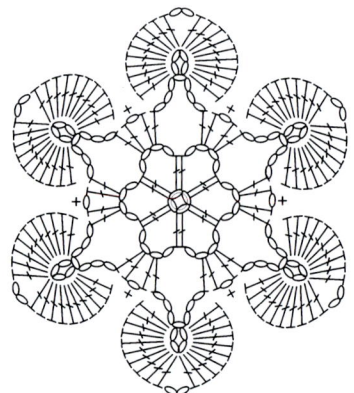

/257

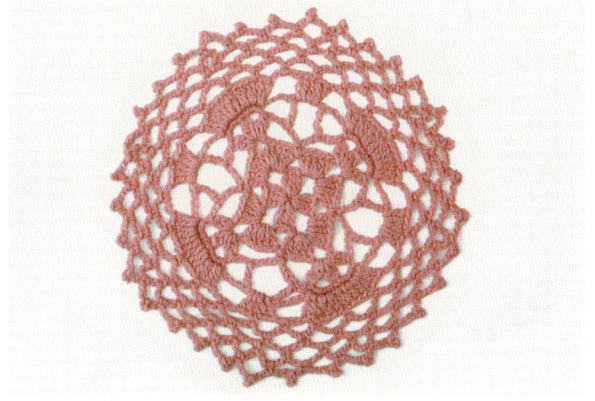

/258

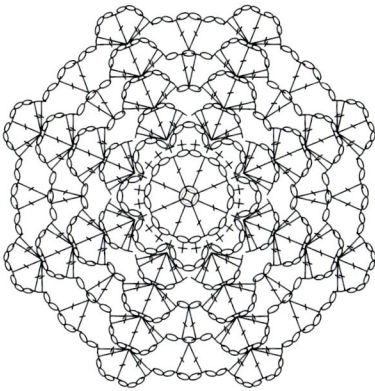

/259

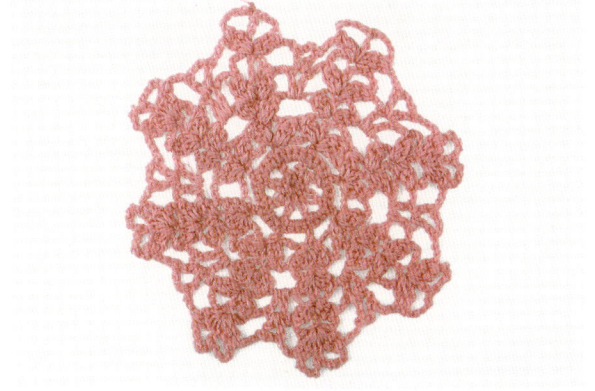

/260

261/

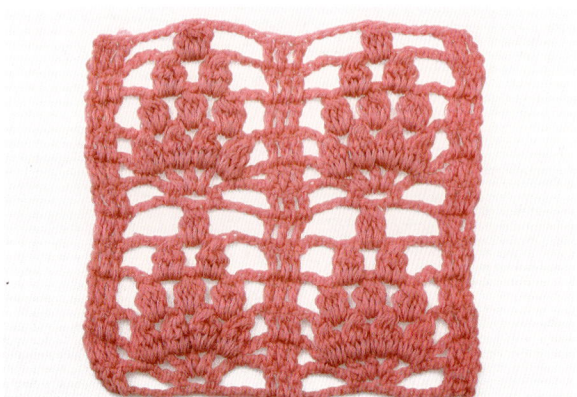

262/

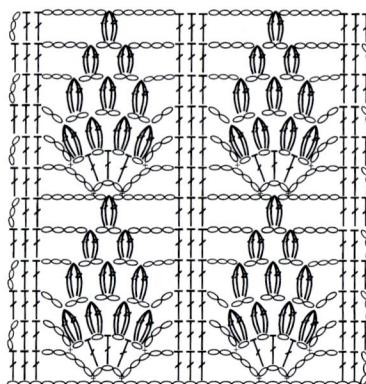

263/

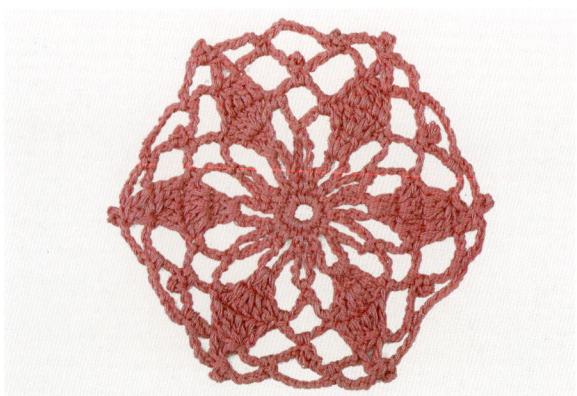

264/

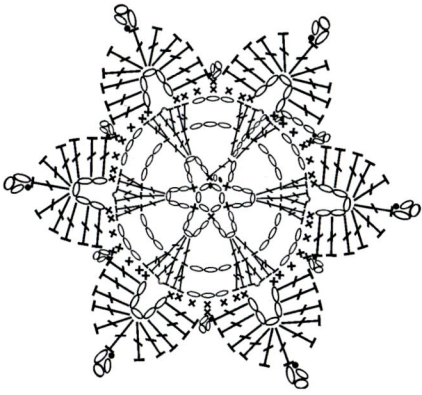

/265

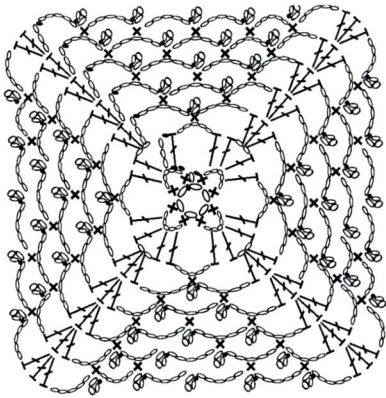

/266

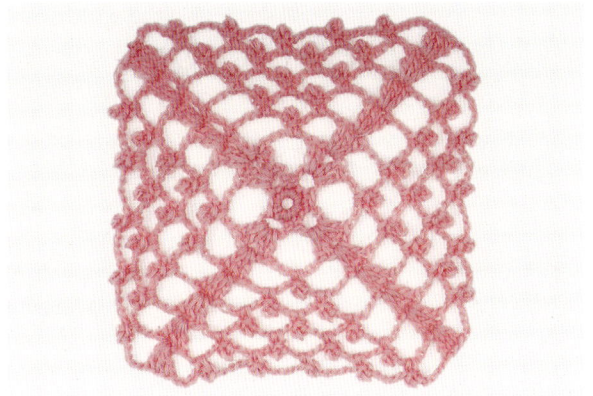

/267

/268

269/

270/

271/

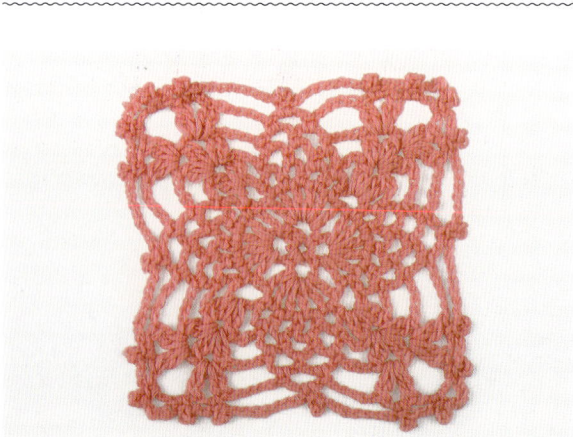

272/

/273

/274

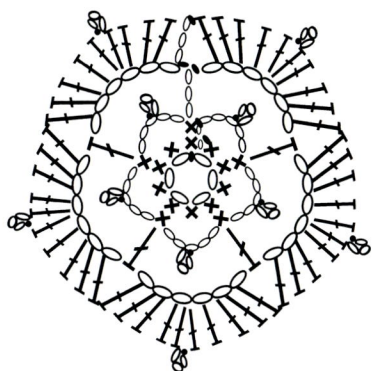

/275

/276

277/

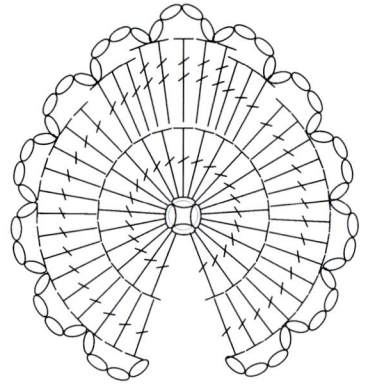

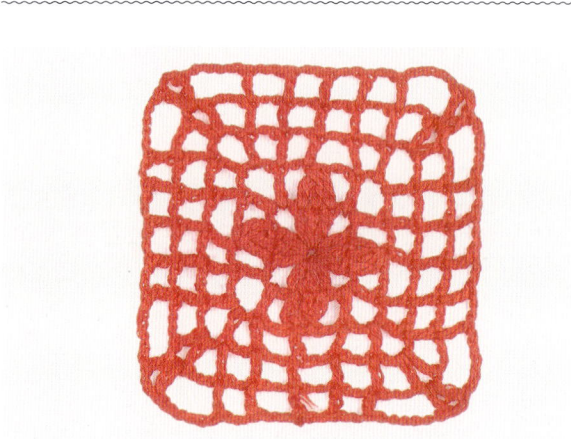

278/

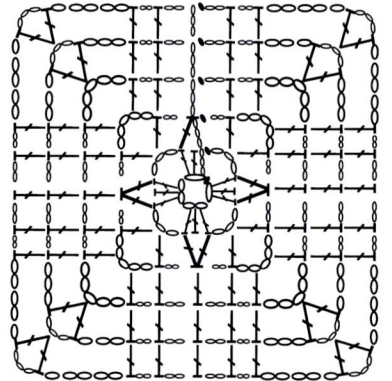

279/

280/

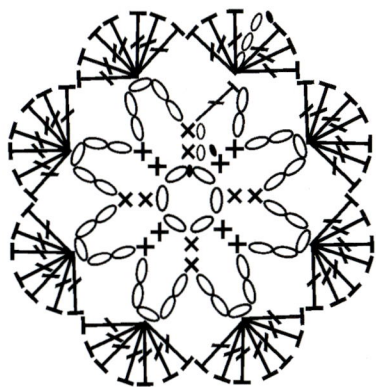

/281

/282

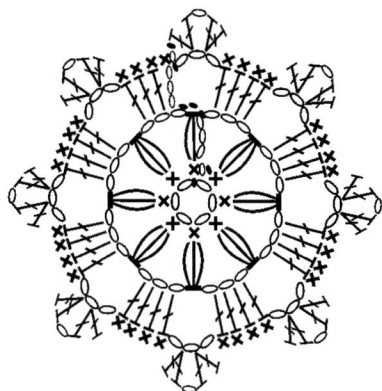

/283

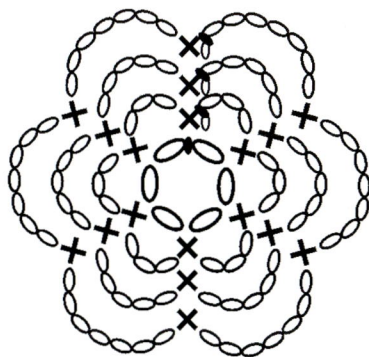

/284

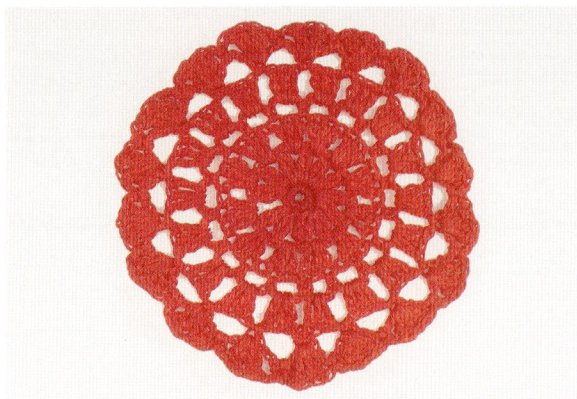

285/

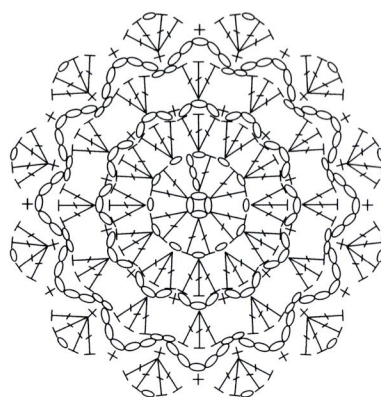

286/

287/

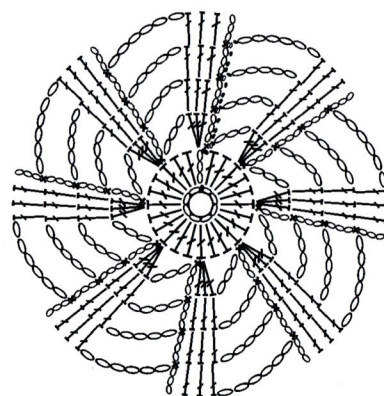

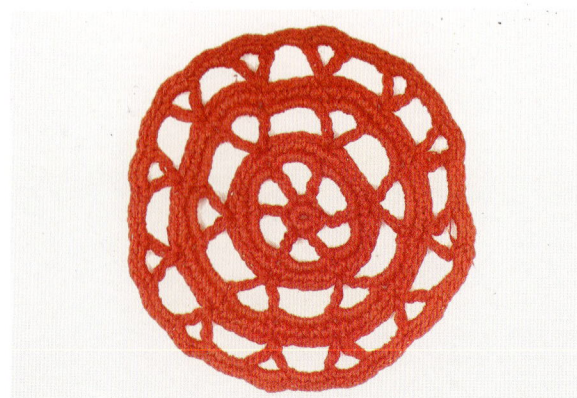

288/

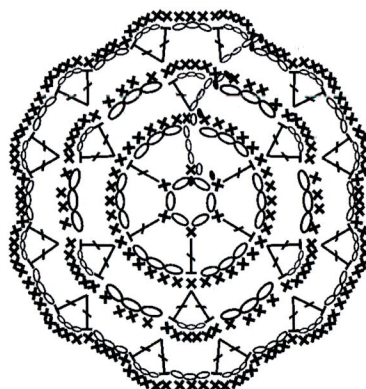

/289

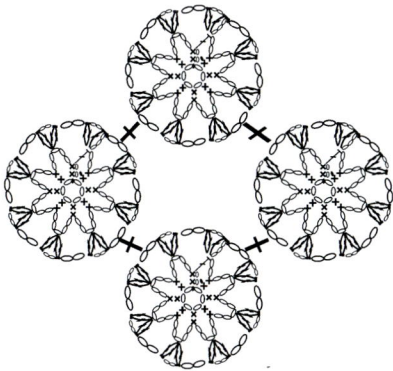

/290

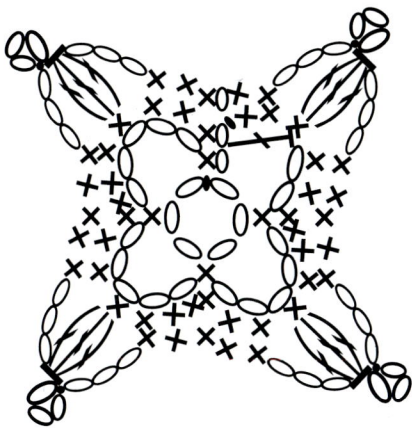

/291

/292

293/

294/

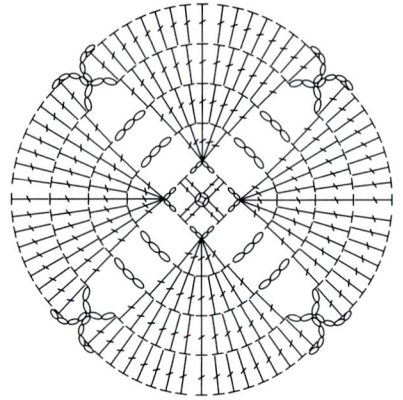

295/

296/

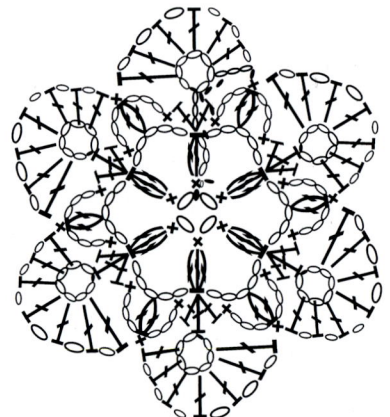

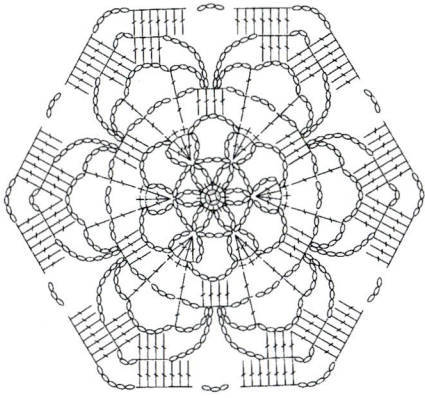

/297

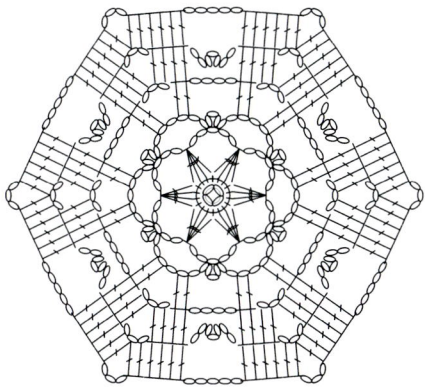

/298

/299

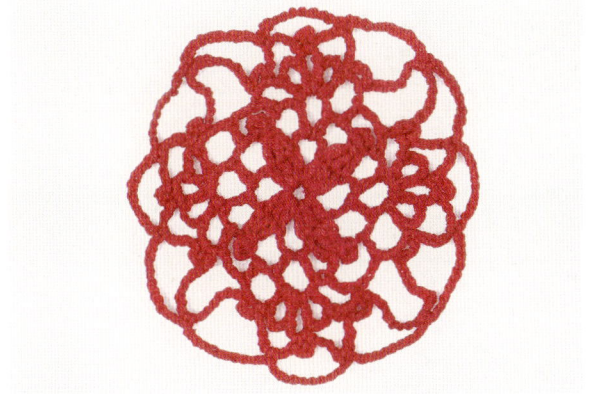

/300

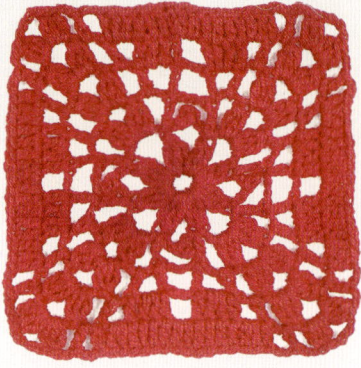

301/

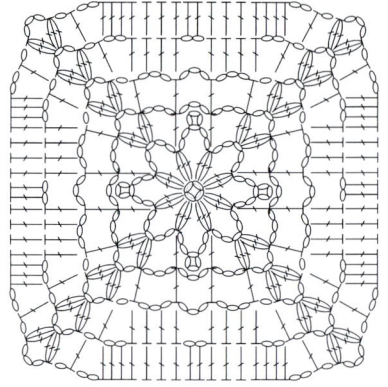

302/

303/

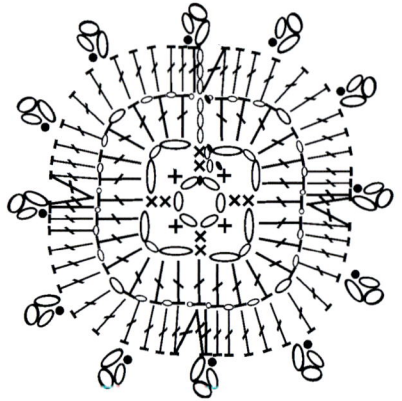

304/

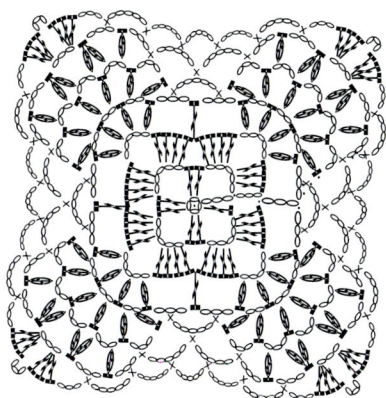

/305

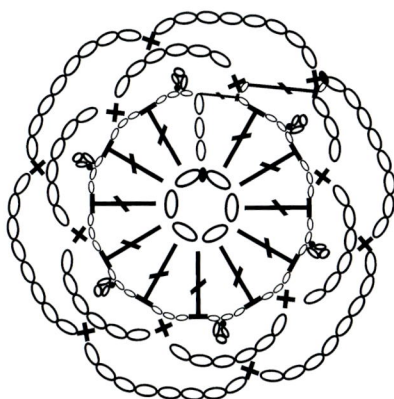

/306

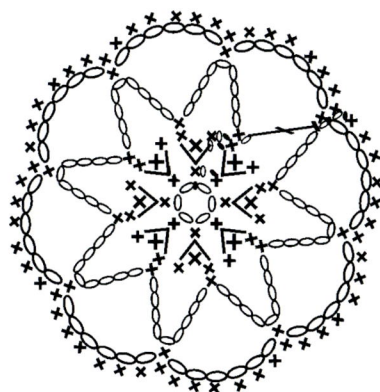

/307

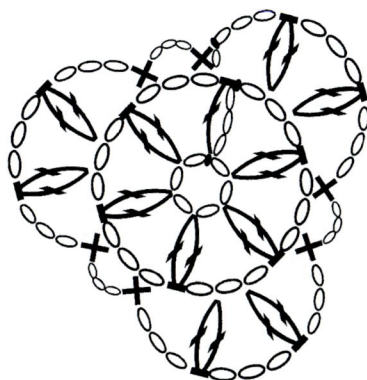

/308

309/

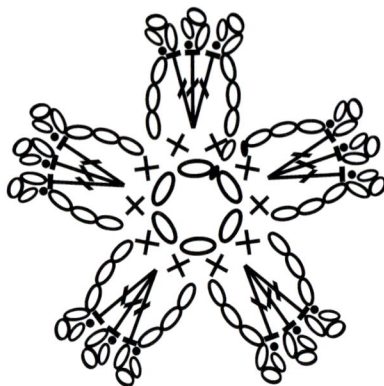

310/

311/

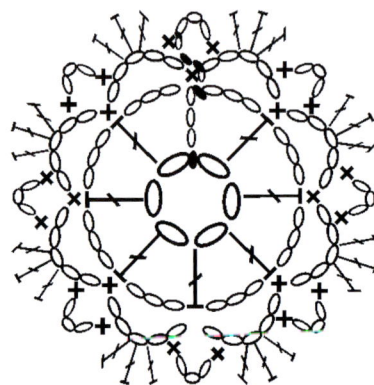

312/

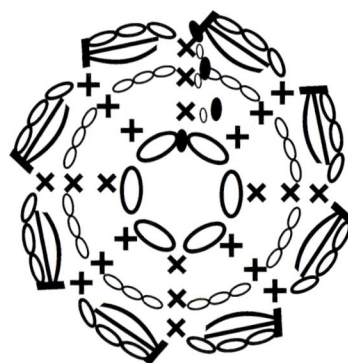

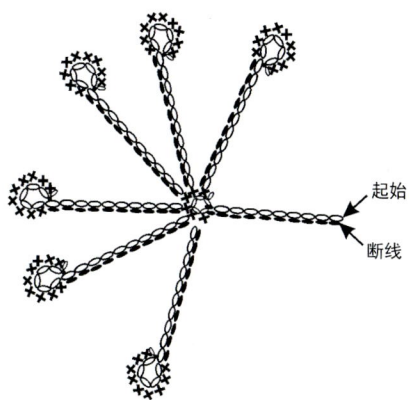

起始

断线

/313

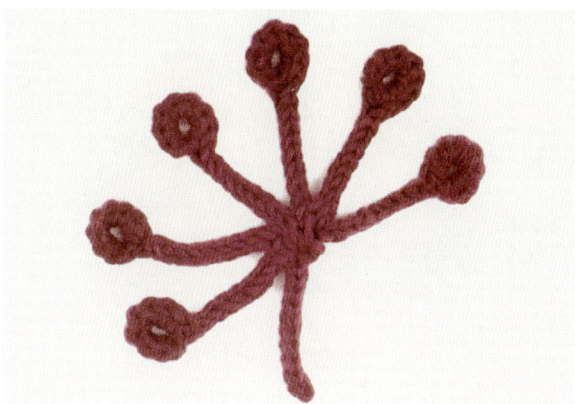

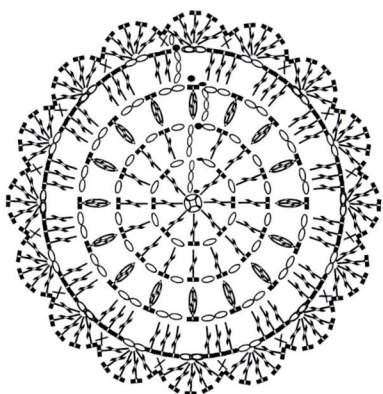

/314

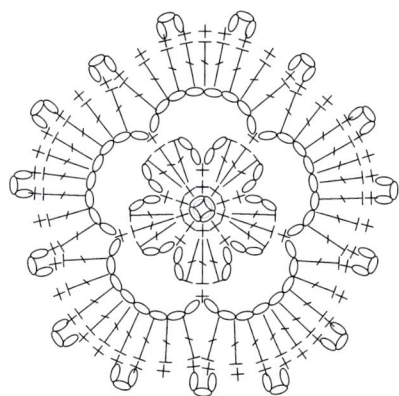

/315

/316

317/

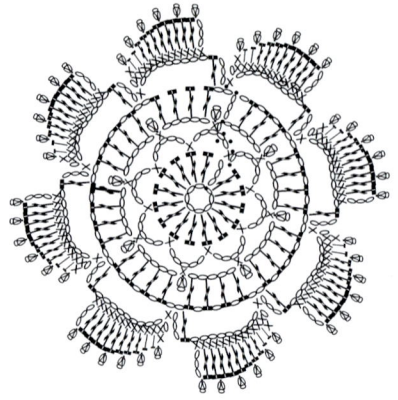

318/

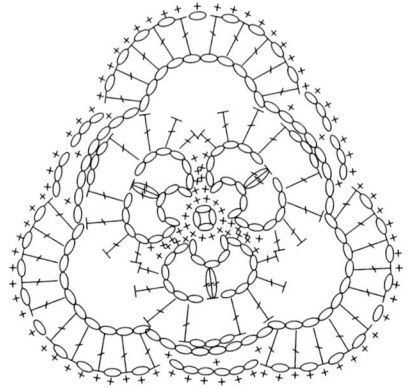

319/

320/

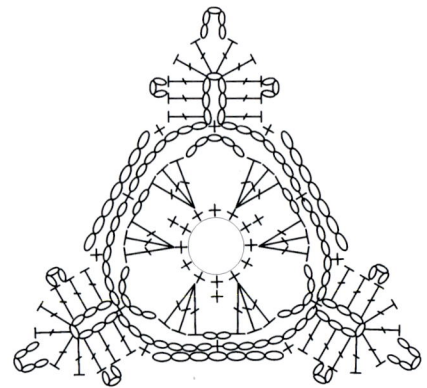

/321

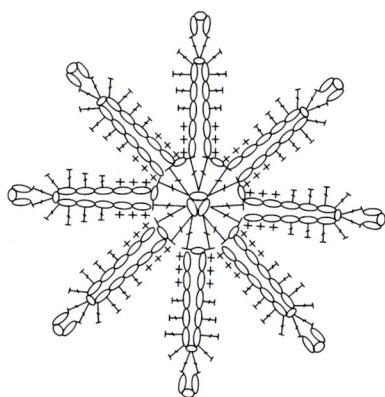

/322

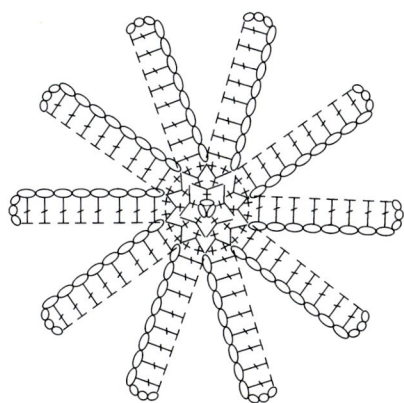

/323

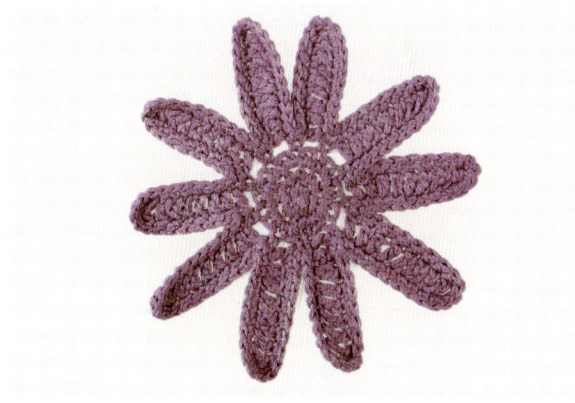

/324

325 /

326 /

327 /

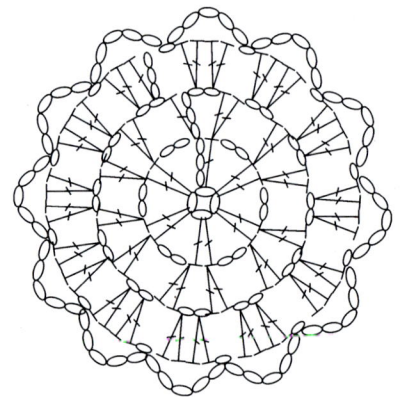

328 /

/329

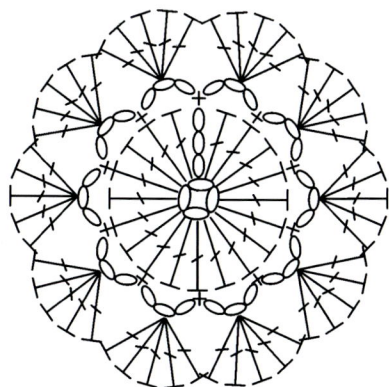

/330

/331

/332

333/

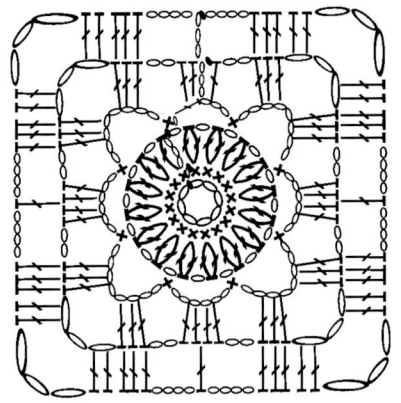

334/

335/

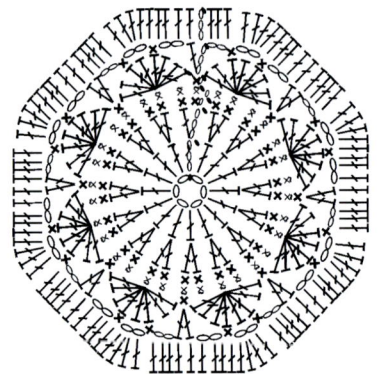

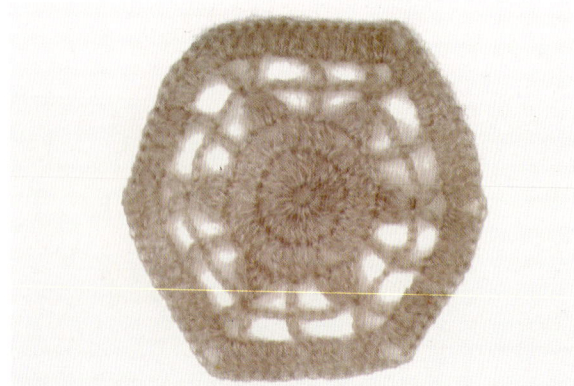

336/

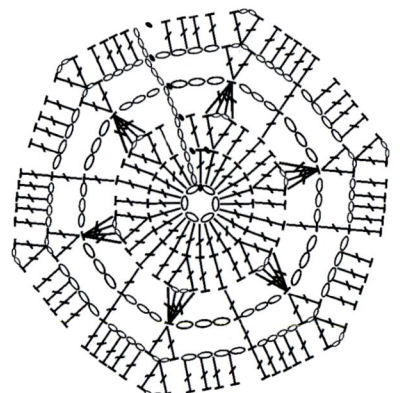

/337

/338

/339

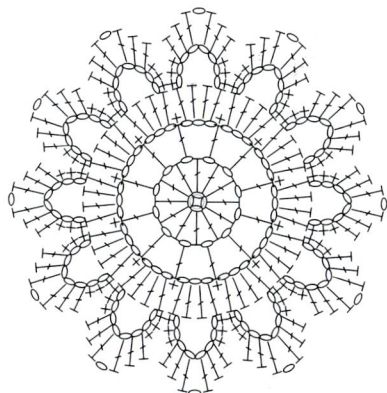

/340

341/

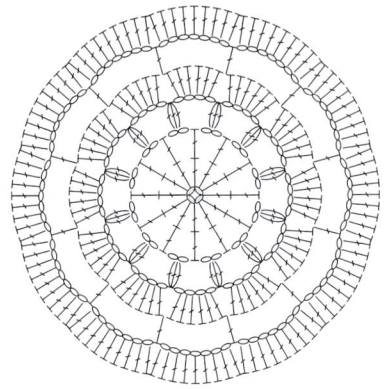

342/

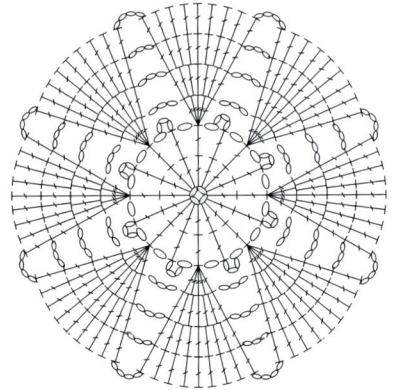

343/

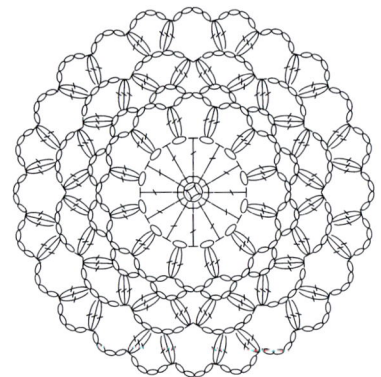

344/

/345

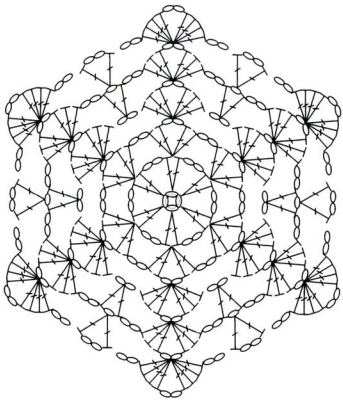

/346

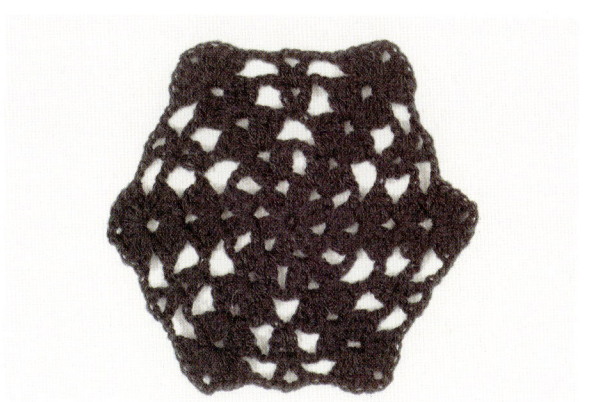

/347

/348

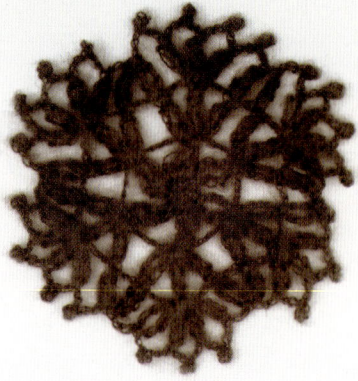

349/

350/

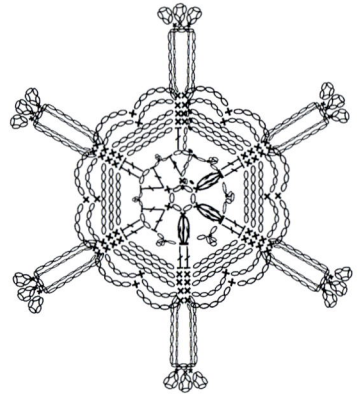

351/

352/

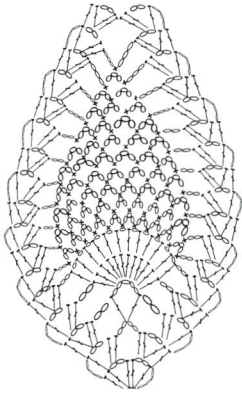

/353

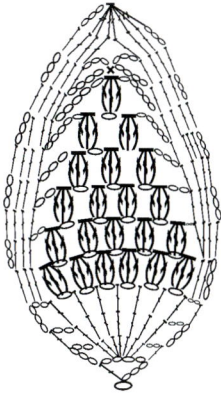

/354

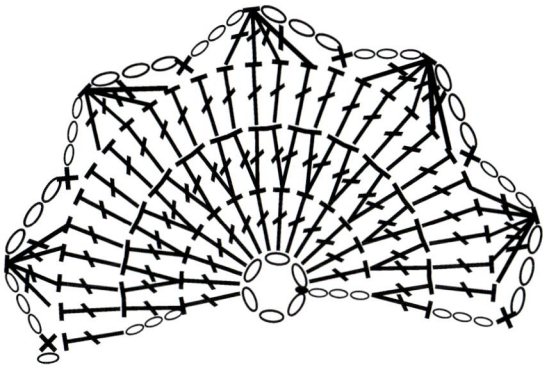

/355

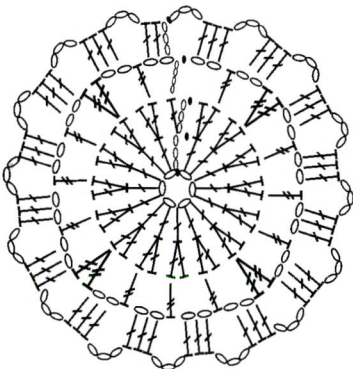

/356

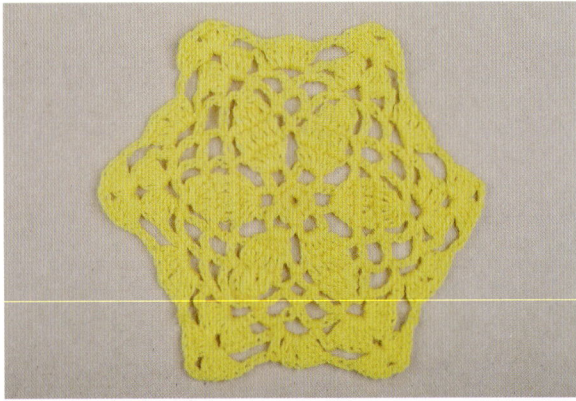

357 /

358 /

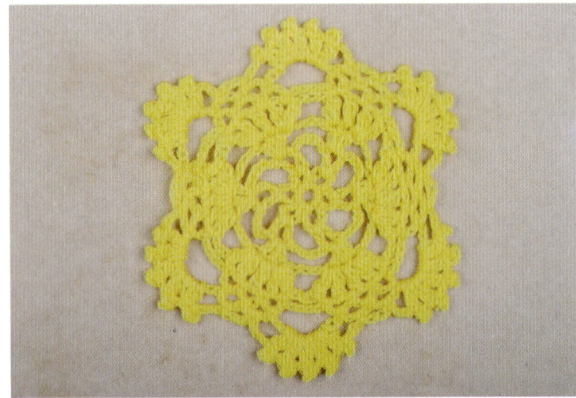

359 /

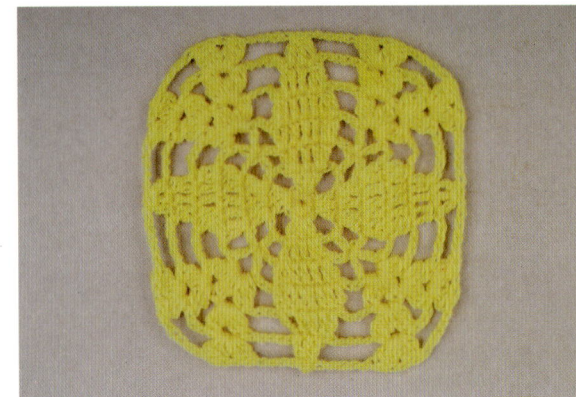

360 /

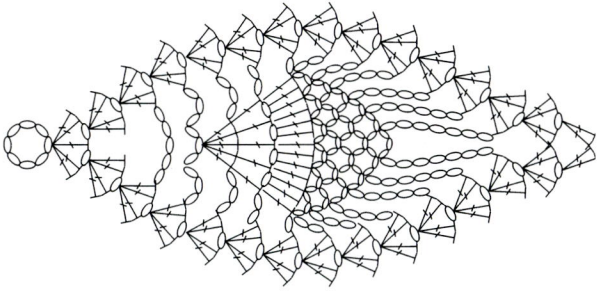

/361

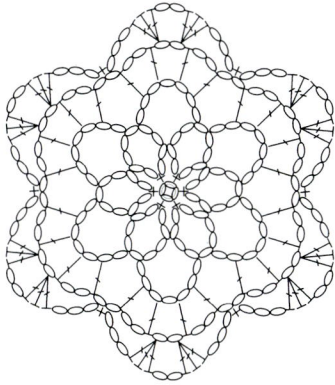

/362

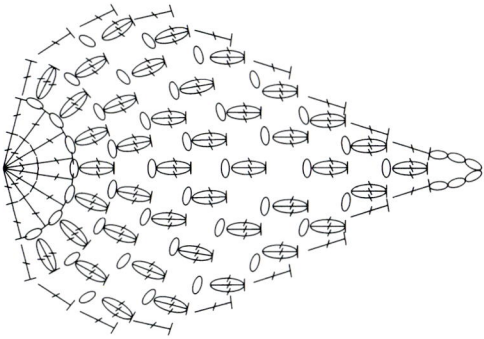

/363

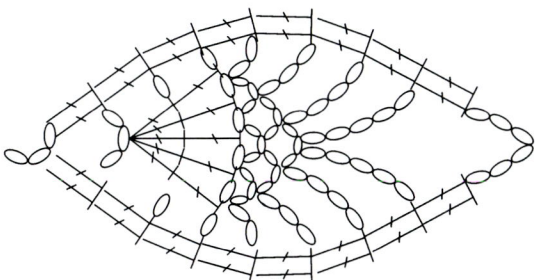

/364

365/

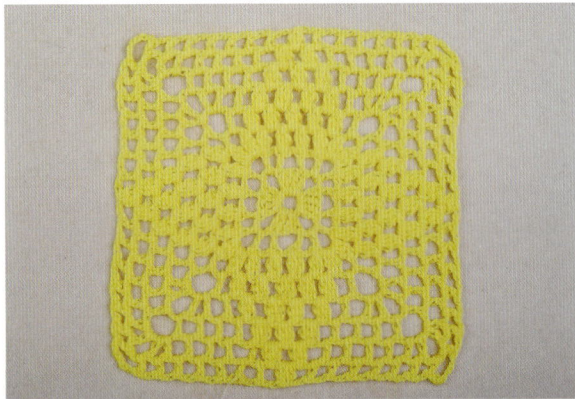

366/

367/

368/

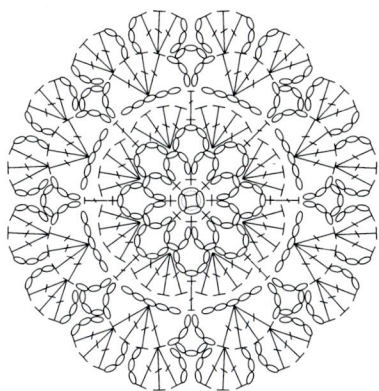

/369

/370

/371

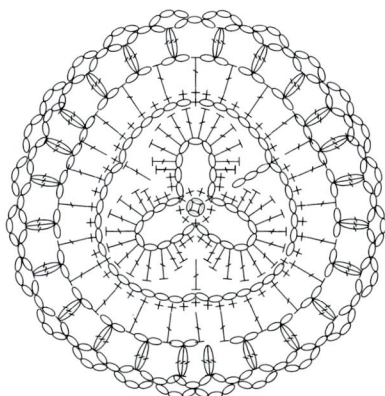

/372

373/

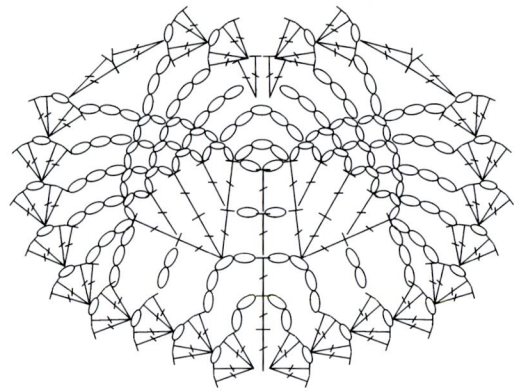

374/

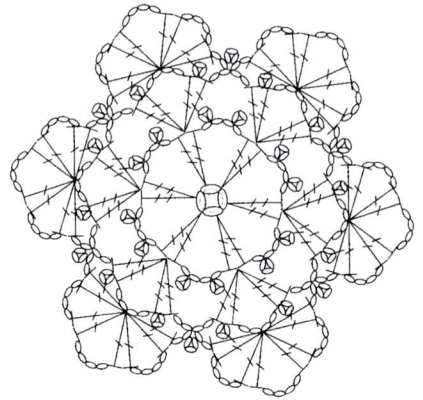

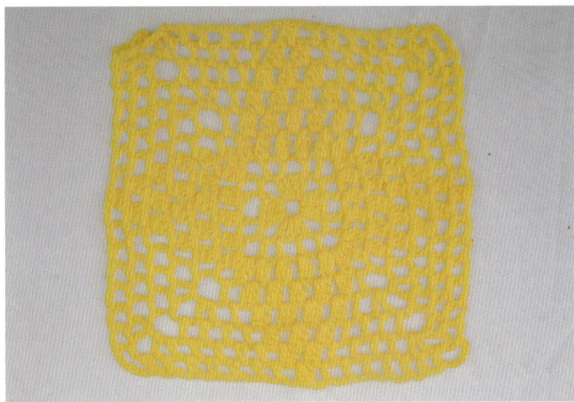

375/

376/

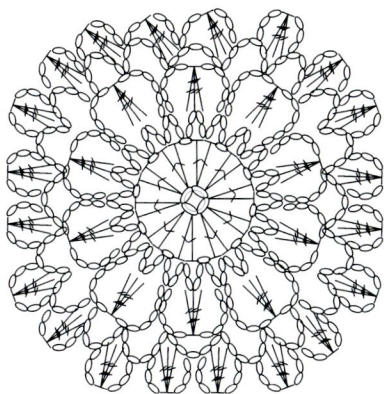

/377

/378

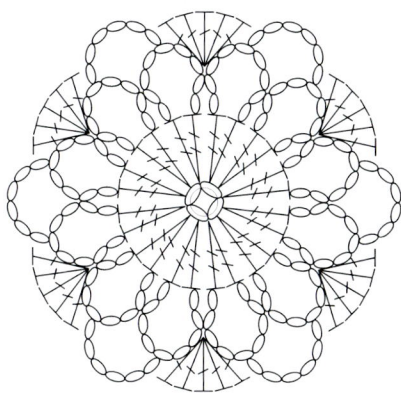

/379

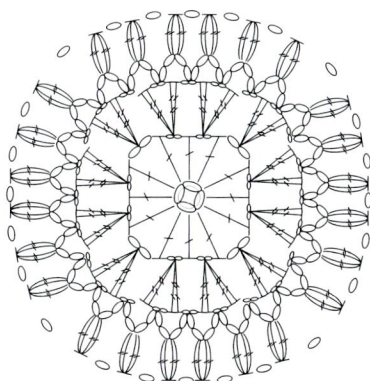

/380

381/

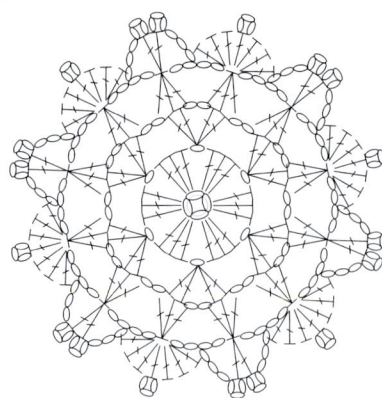

382/

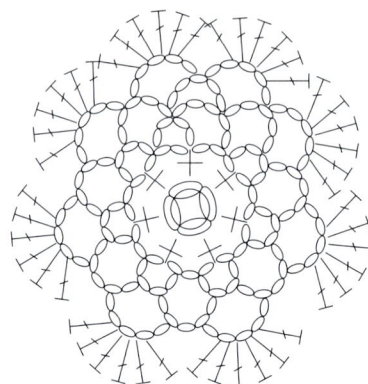

383/

384/

/385

/386

/387

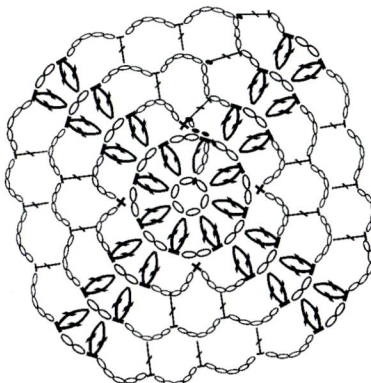

/388

389/

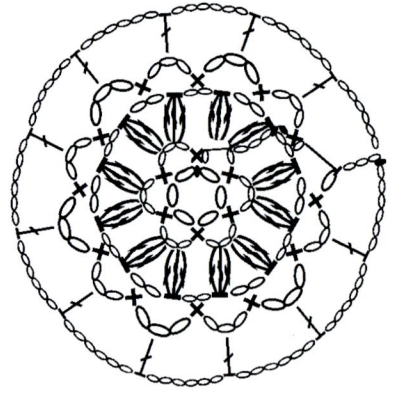

390/

391/

392/

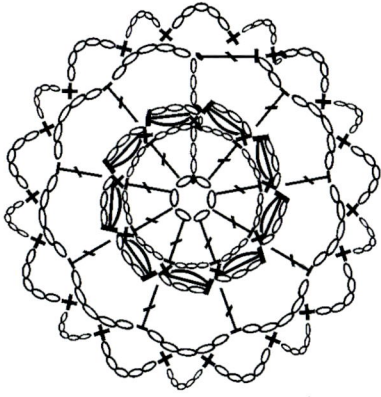

/393

/394

/395

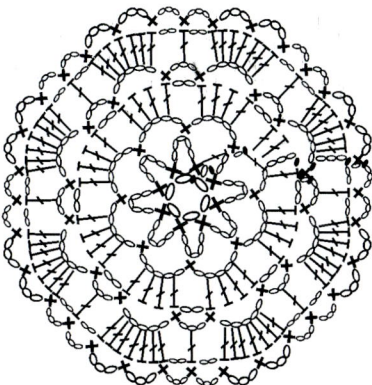

/396

397 /

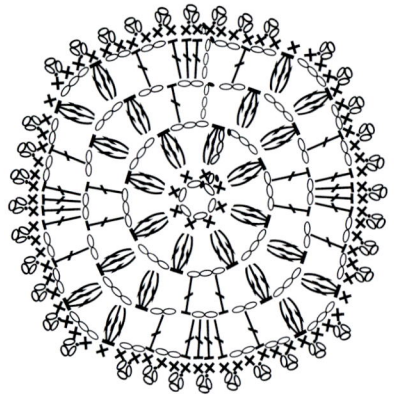

398 /

399 /

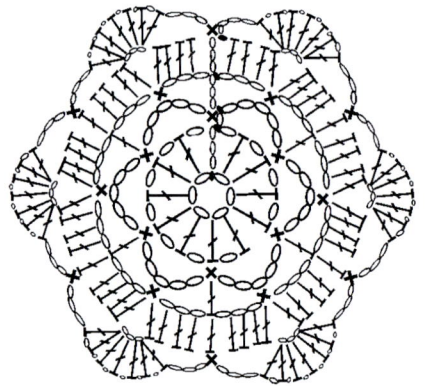

400 /

/401

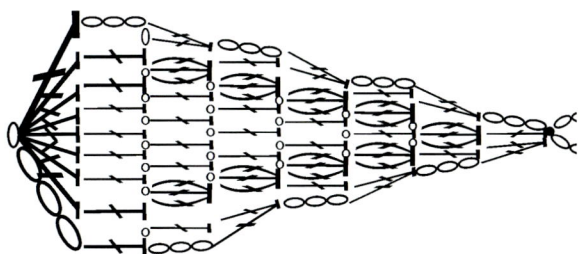

/402

/403

/404

405 /

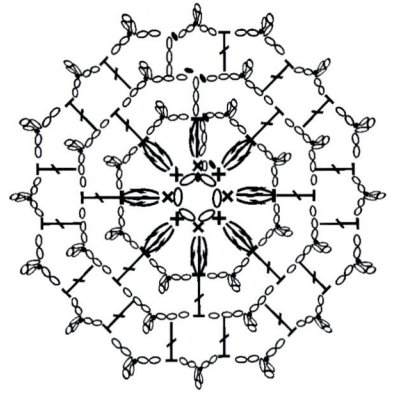

406 /

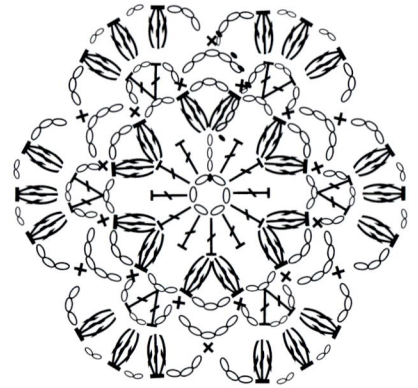

407 /

408 /

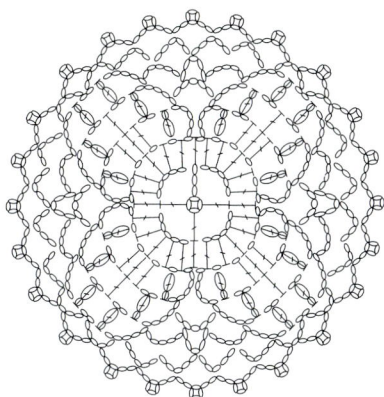

/409

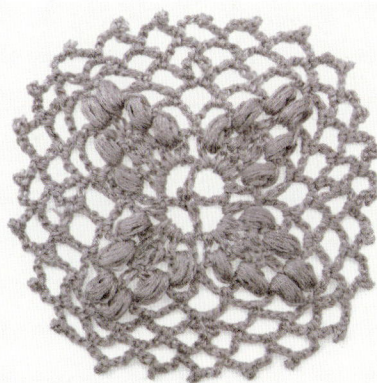

/410

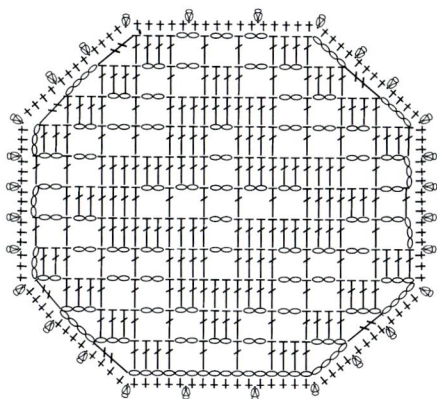

/411

/412

413/

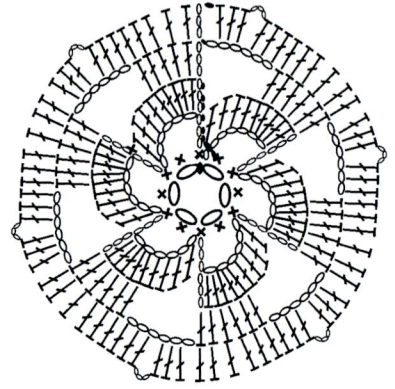

414/

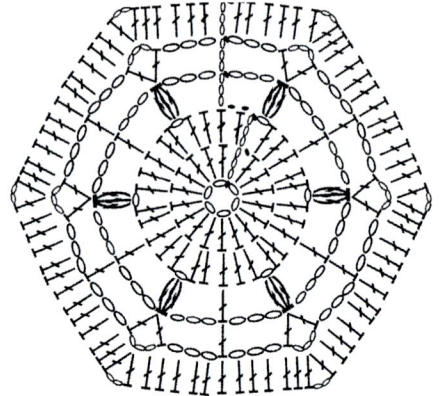

415/

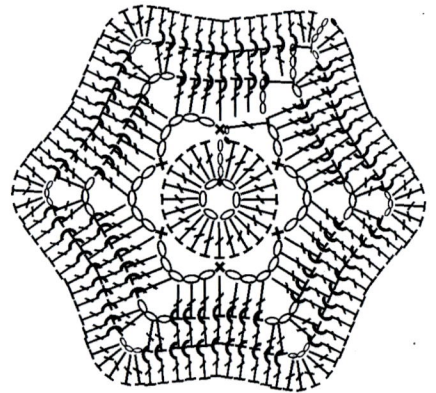

416/

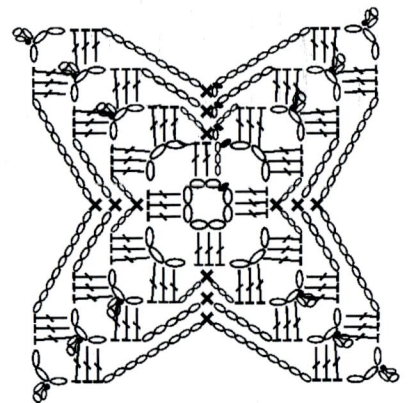

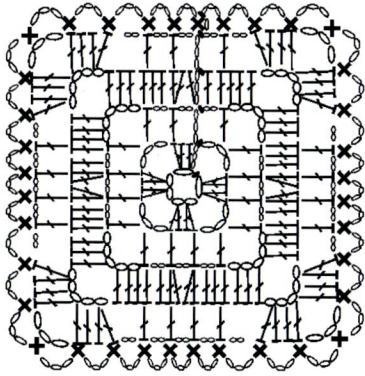

/417

/418

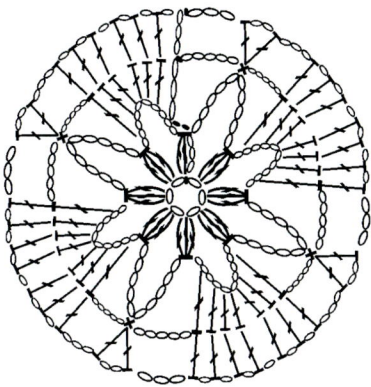

/419

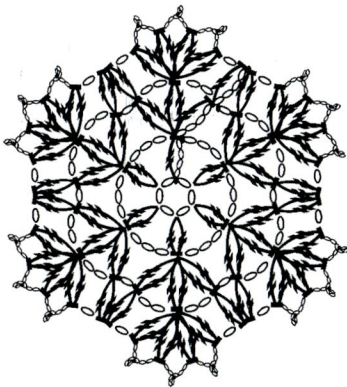

/420

421/

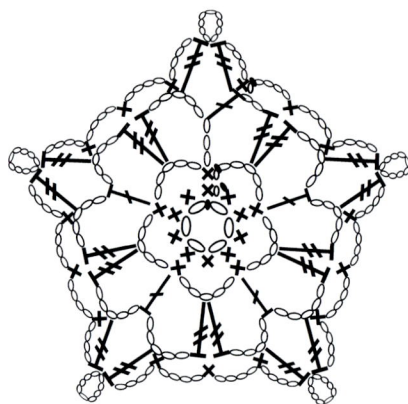

422/

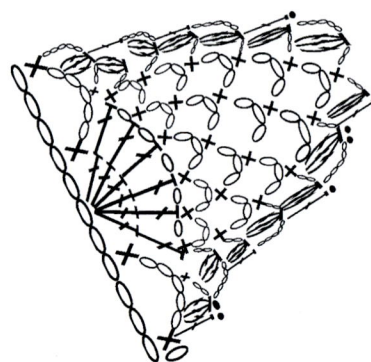

423/

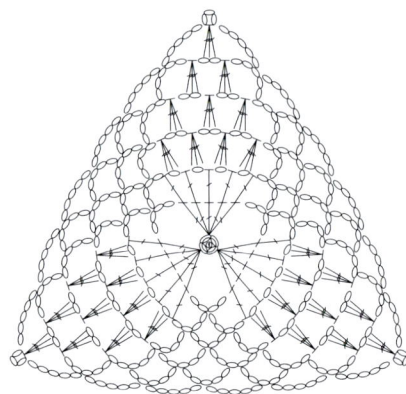

424/

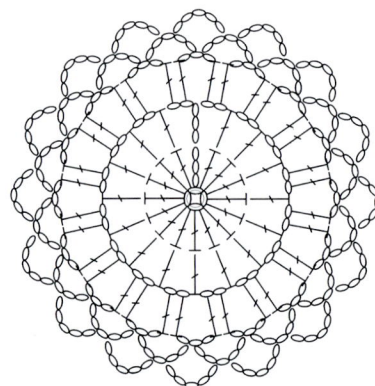

/425

/426

/427

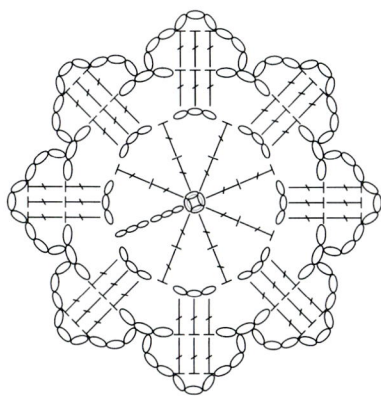

/428

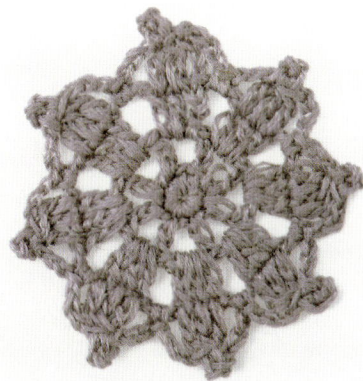

429/

430/

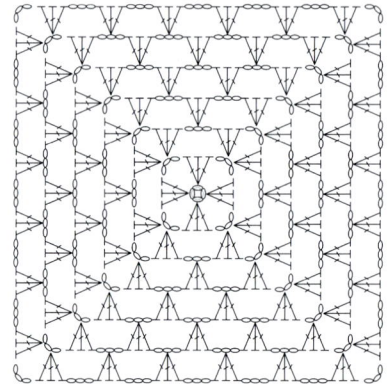

431/

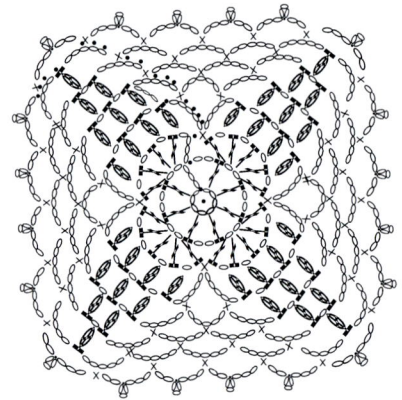

432/

/433

/434

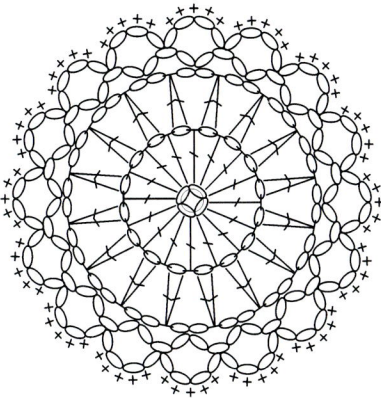

/435

/436

437 /

438 /

439 /

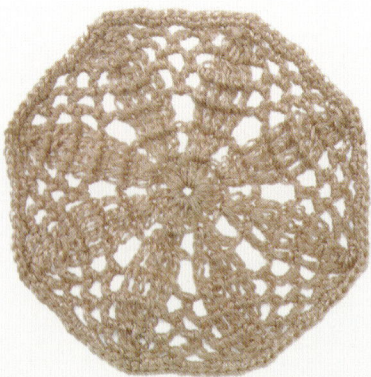

440 /

/441

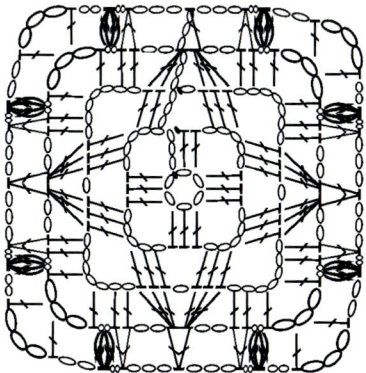

/442

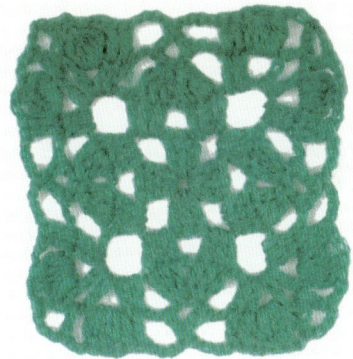

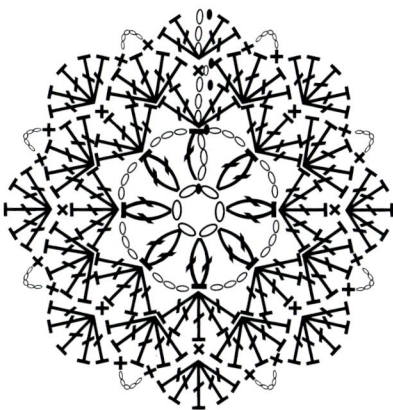

/443

/444

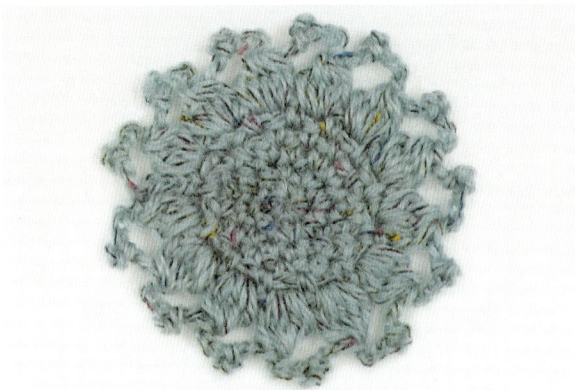

445/

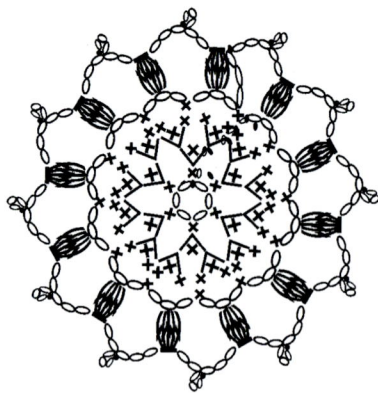

446/

447/

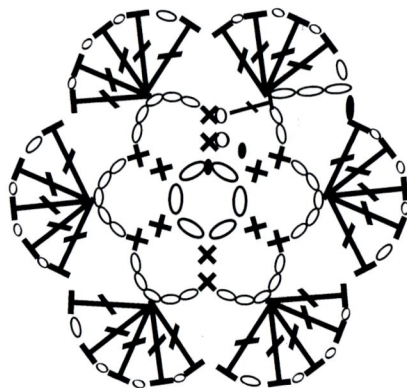

448/

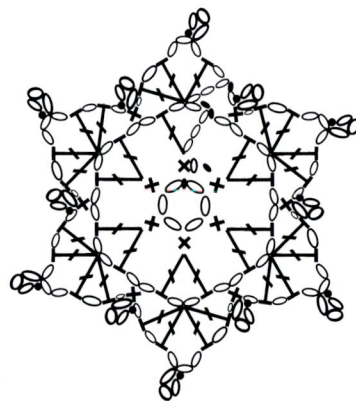

/449

/450

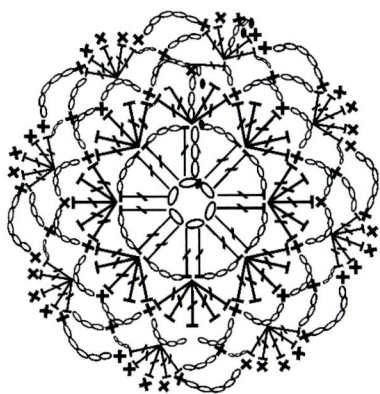

/451

/452

453/

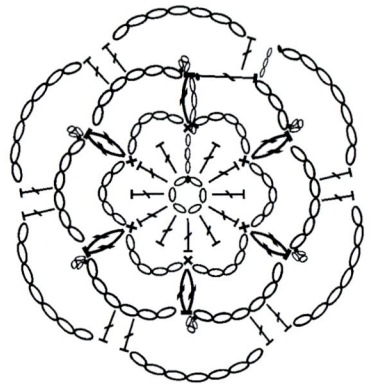

454/

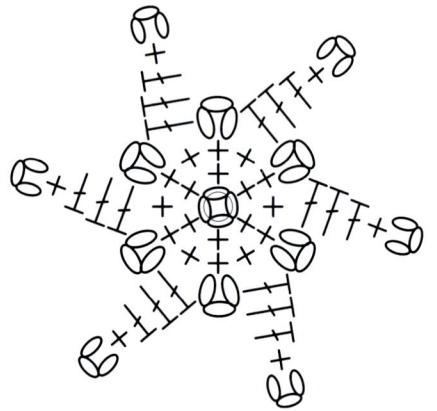

455/

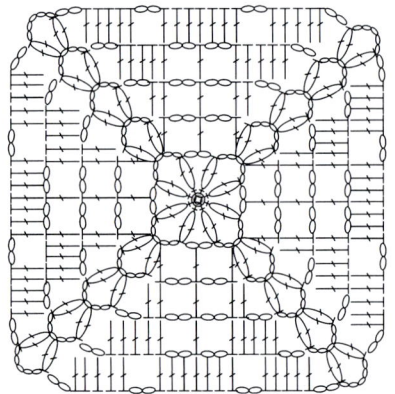

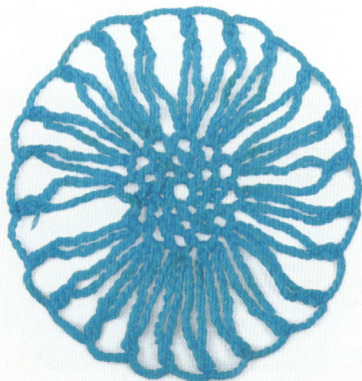

456/

/457

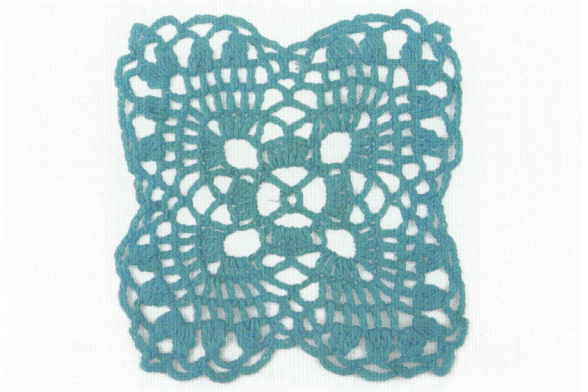

/458

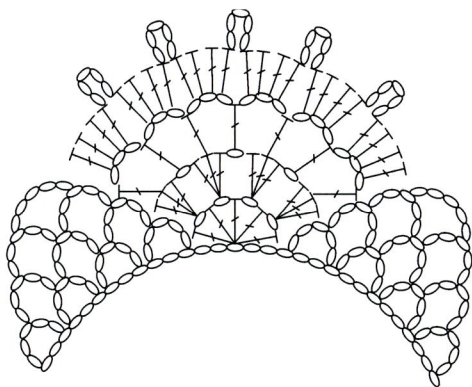

/459

/460

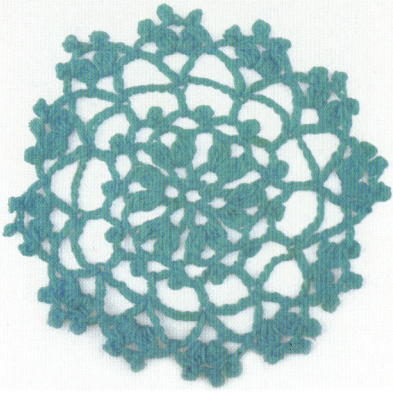

461 /

462 /

463 /

464 /

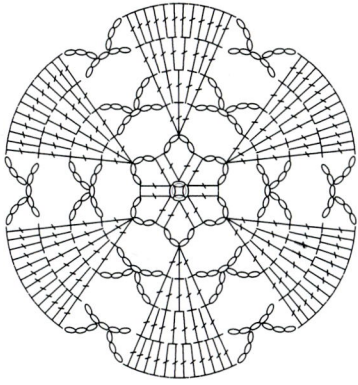

/465

/466

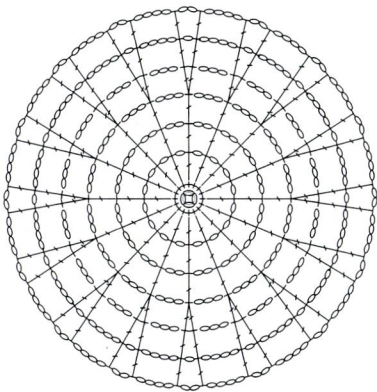

/467

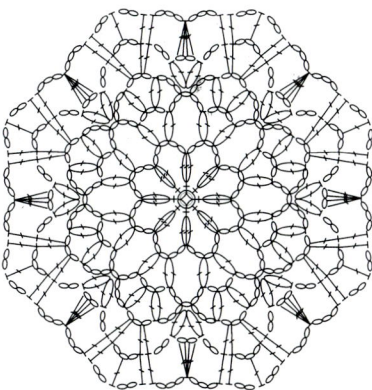

/468

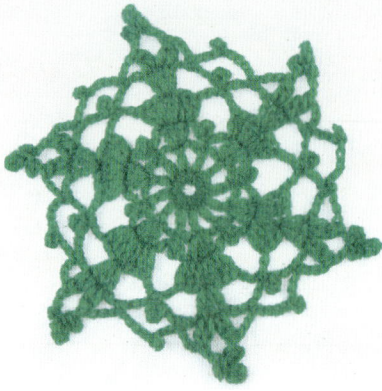

469/

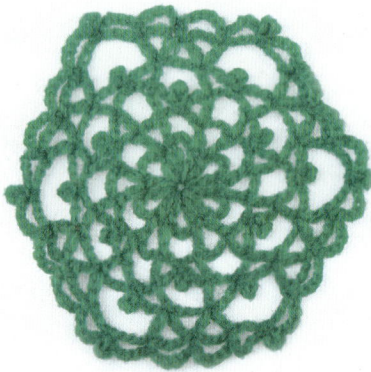

470/

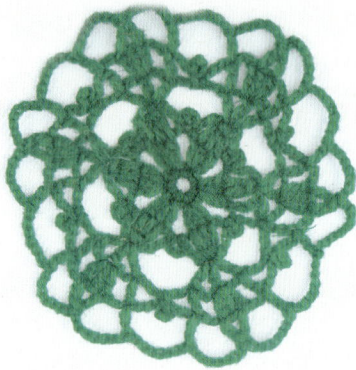

471/

472/

/473

/474

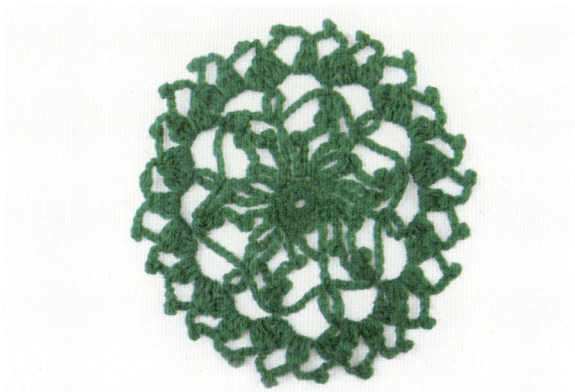

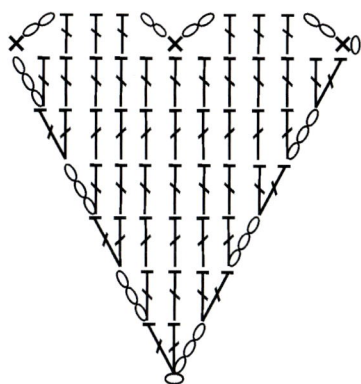

/475

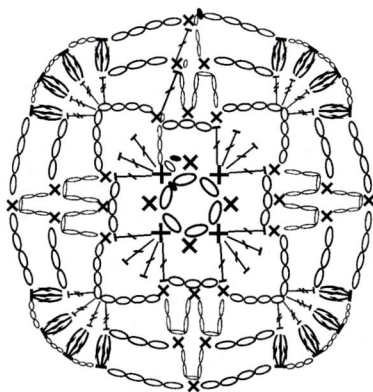

/476

477/

478/

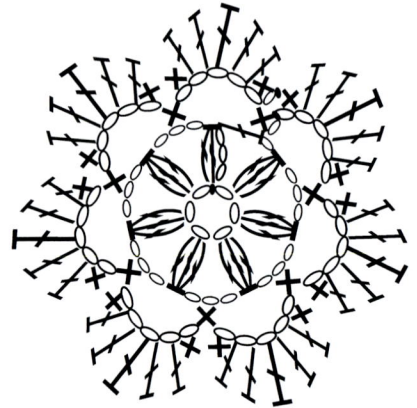

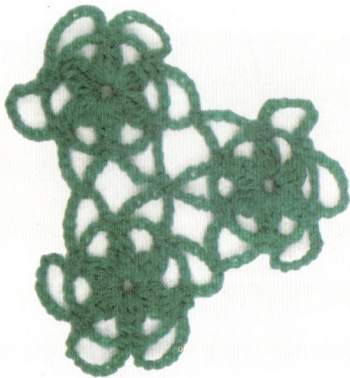

479/

480/

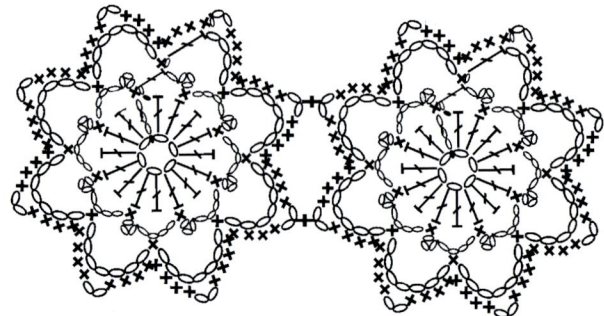

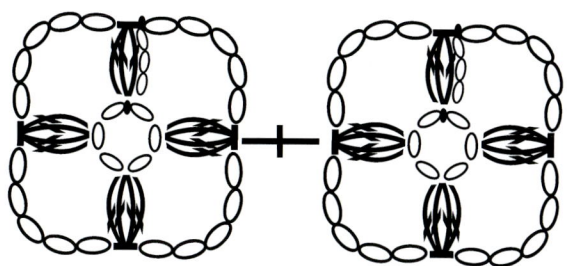

/481

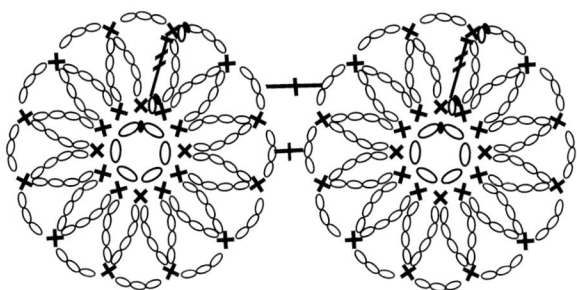

/482

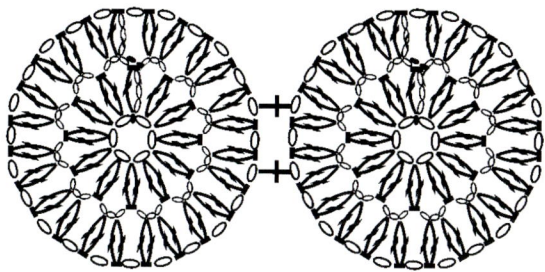

/483

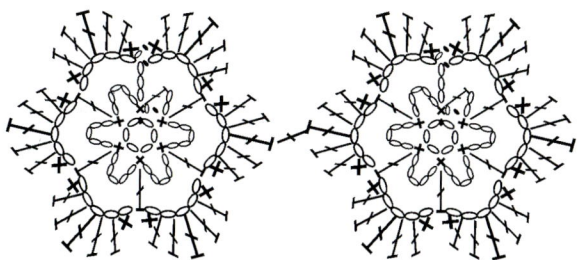

/484

485 /

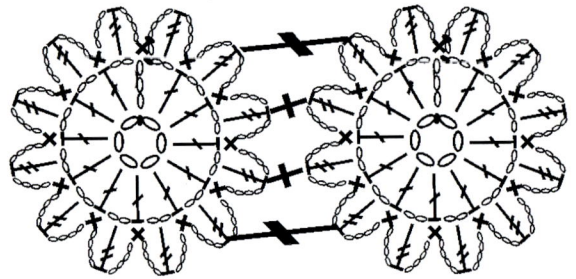

486 /

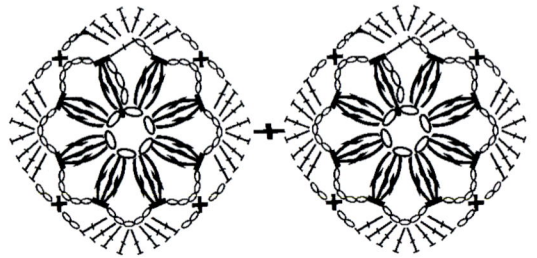

487 /

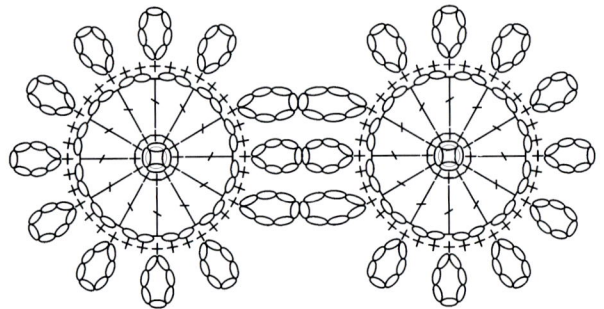

488 /

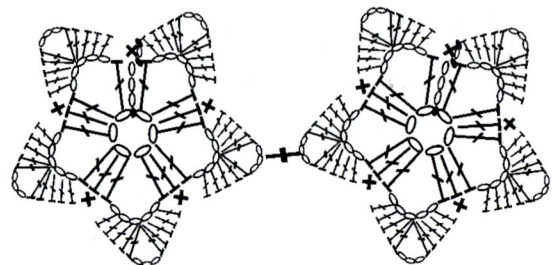

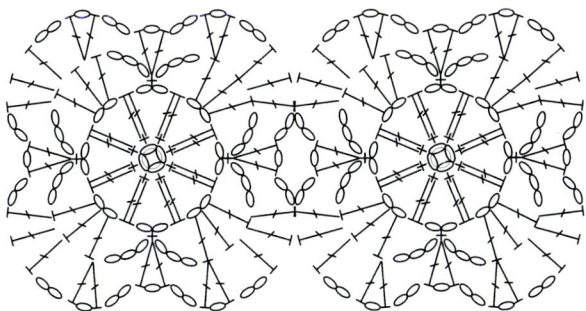

/489

/490

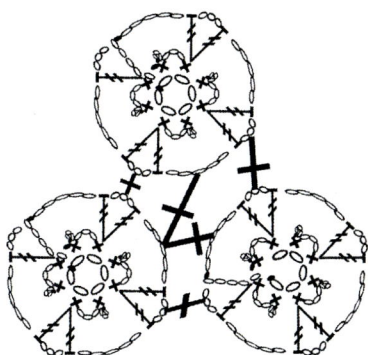

/491

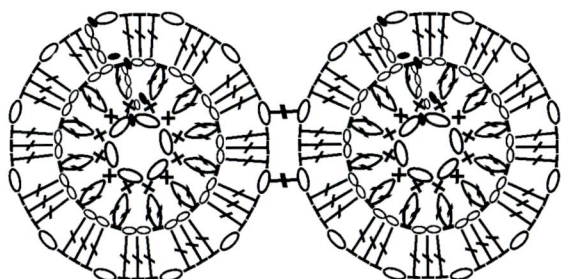

/492

493/

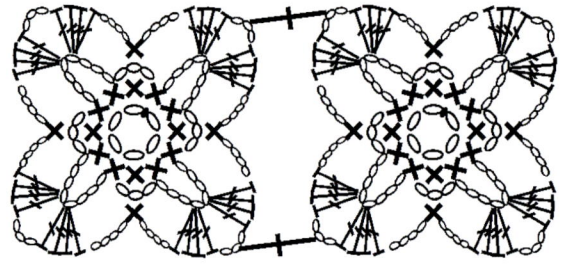

494/

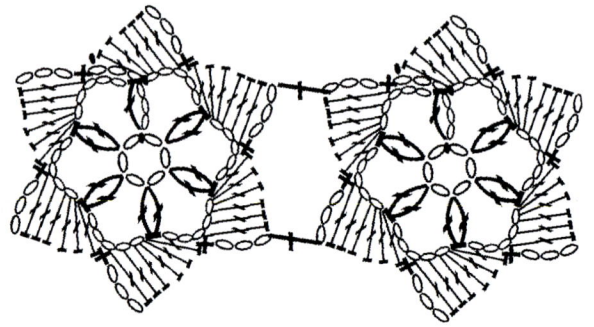

495/

496/

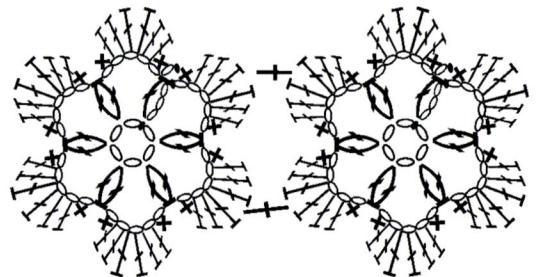

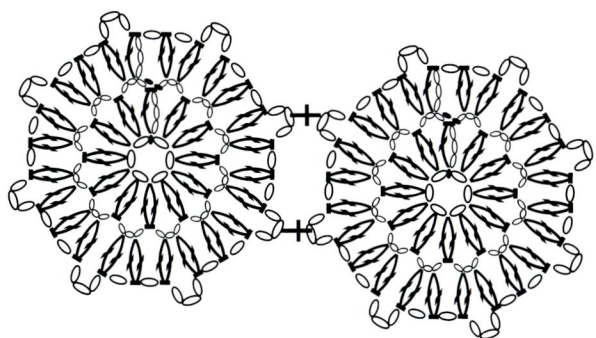

/497

/498

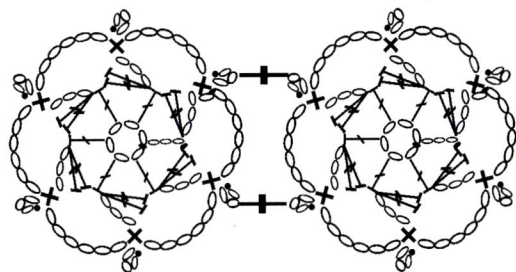

/499

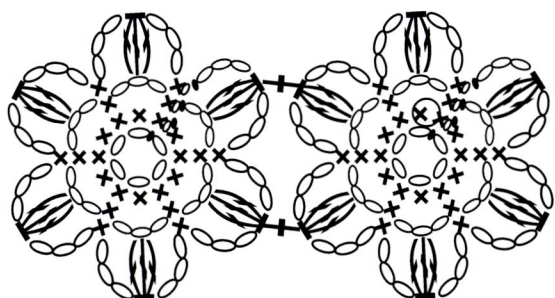

/500

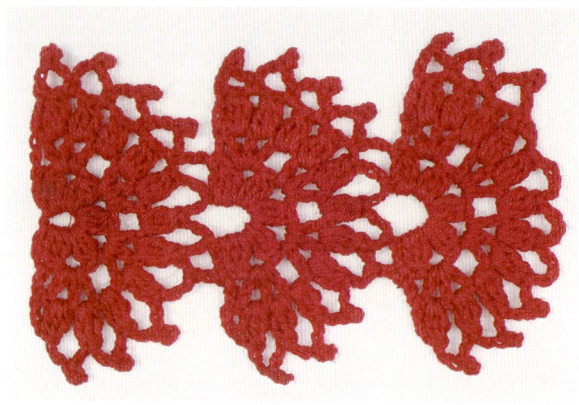

501/

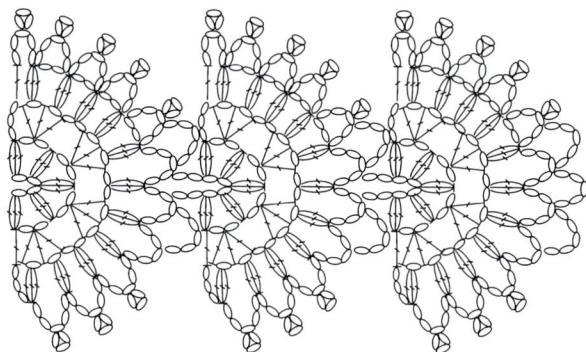

502/

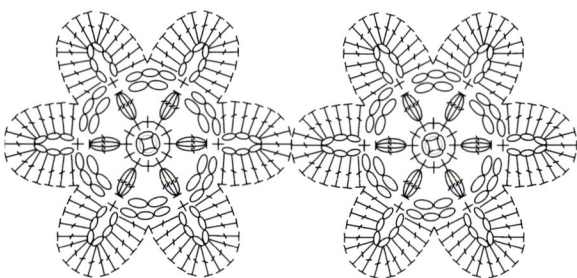

503/

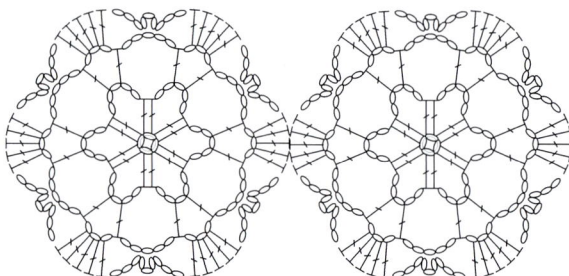

504/

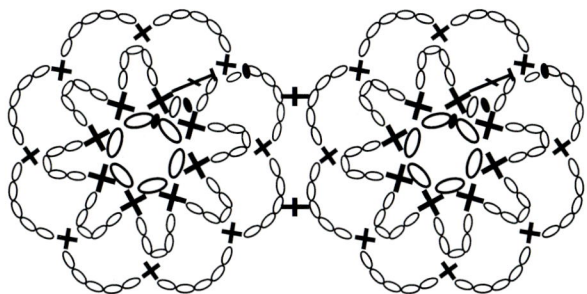

/505

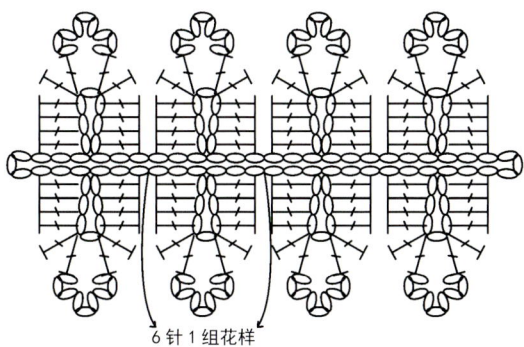

6针1组花样

/506

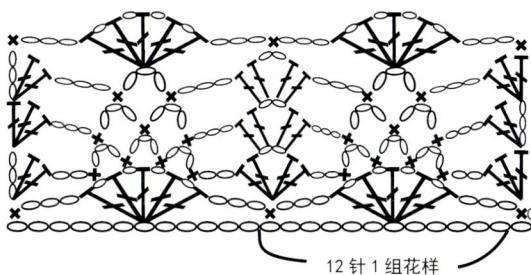

12针1组花样

/507

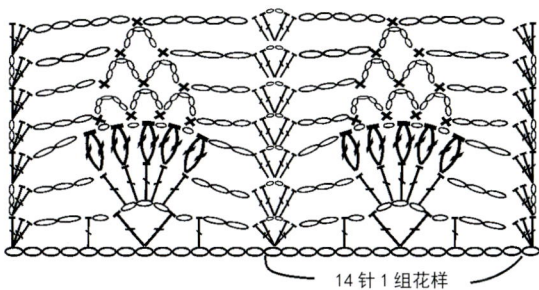

14针1组花样

/508

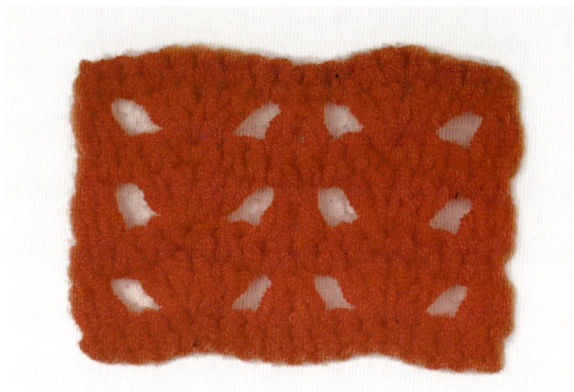

509/

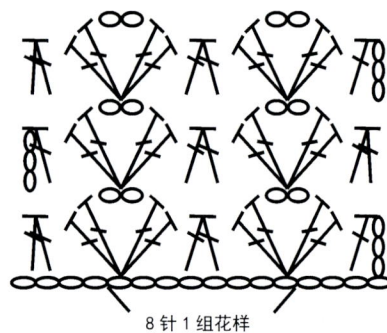

8 针 1 组花样

510/

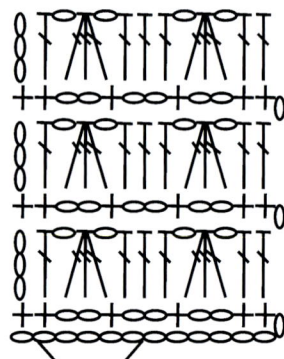

5 针 1 组花样

511/

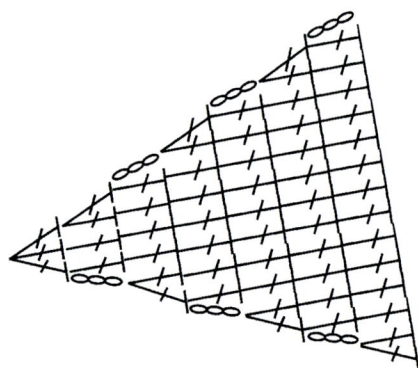

512/

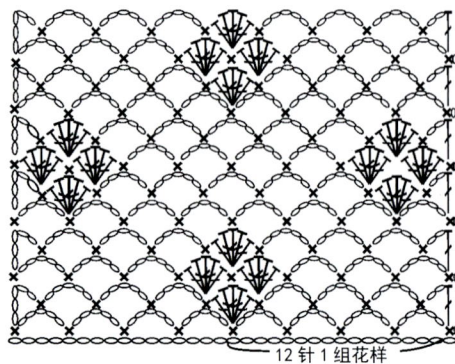

12 针 1 组花样

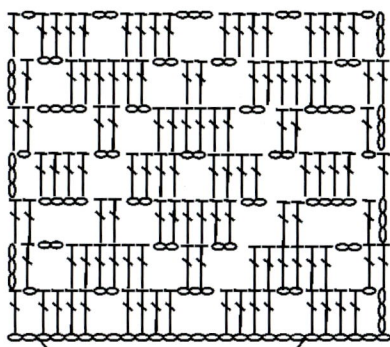

19 针 1 组花样

/513

6 针 1 组花样

/514

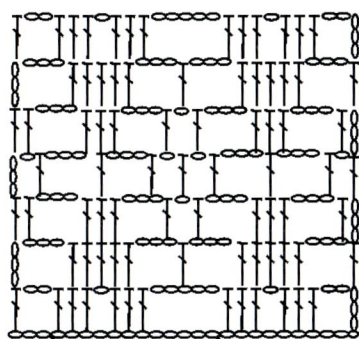

12 针 1 组花样

/515

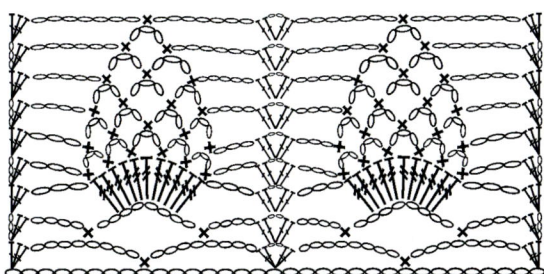

16 针 1 组花样

/516

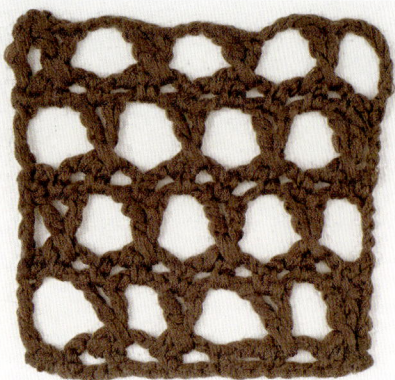

517/

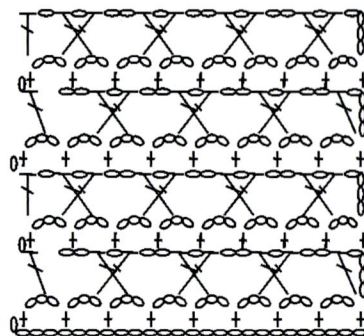

6 针 1 组花样

518/

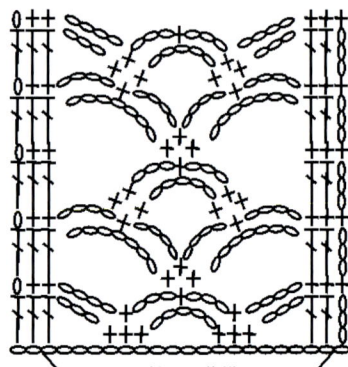

19 针 1 组花样

519/

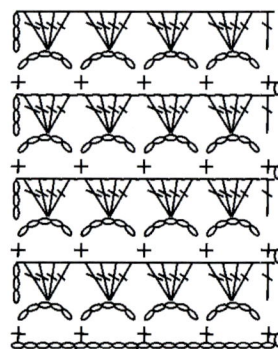

5 针 1 组花样

520/

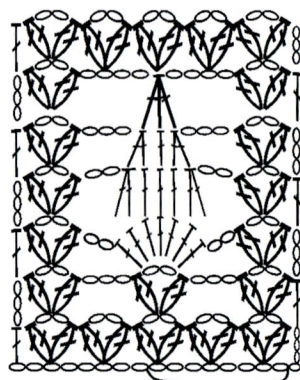

8 针 1 组花样

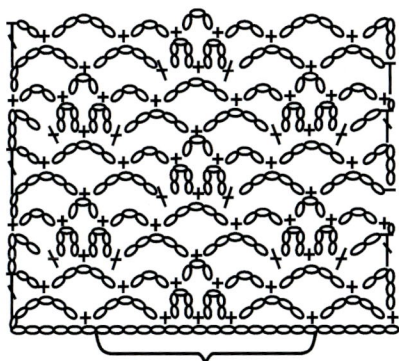

16 针 1 组花样

/521

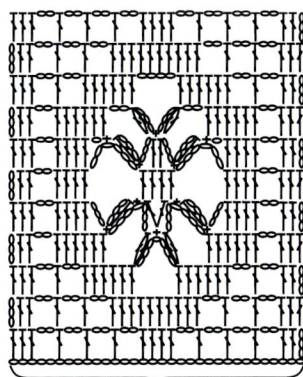

32 针 1 组花样

/522

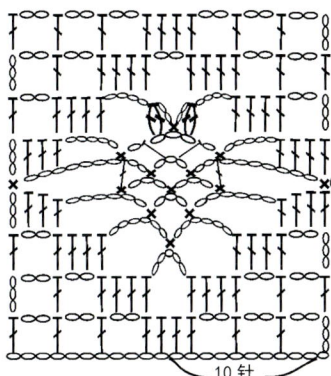

10 针
1 组花样

/523

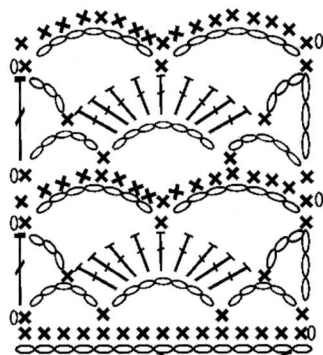

7 针 1 组花样

/524

525/

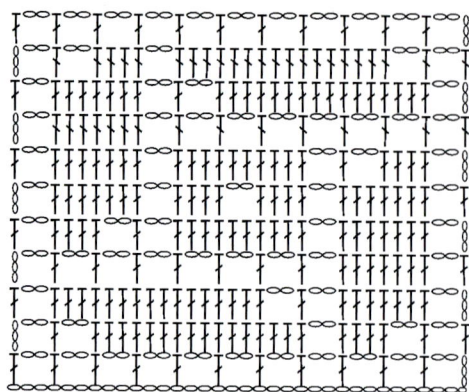

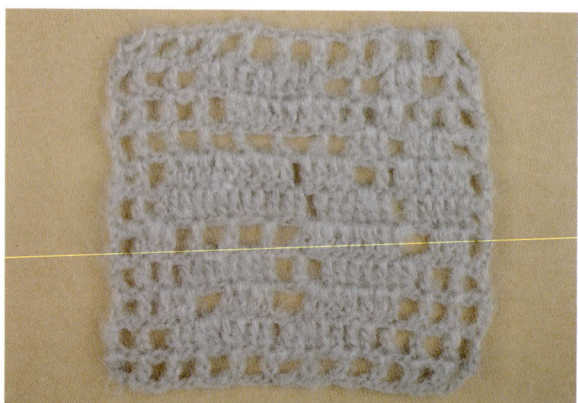

526/

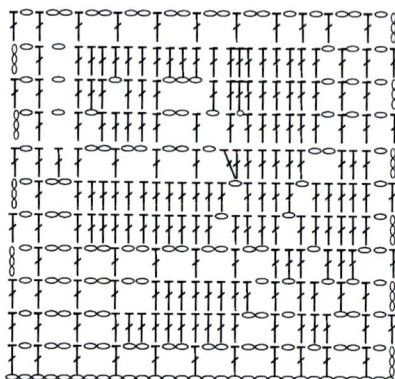

527/

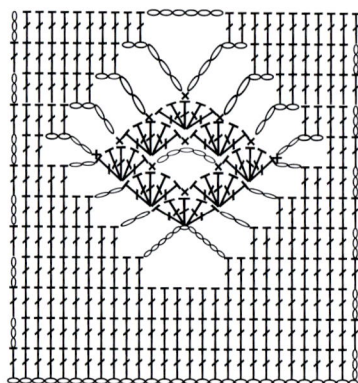

528/

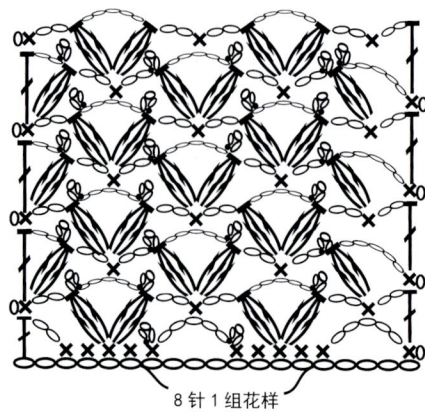

8针1组花样

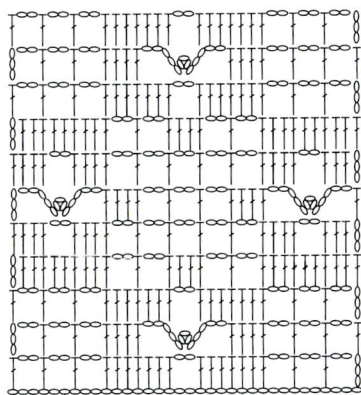

/529

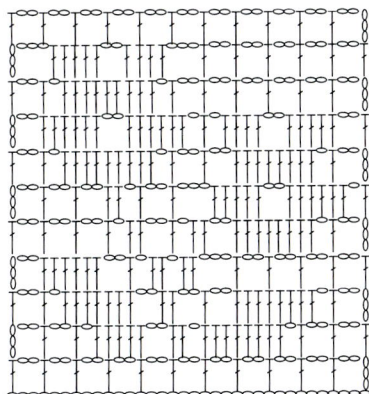

/530

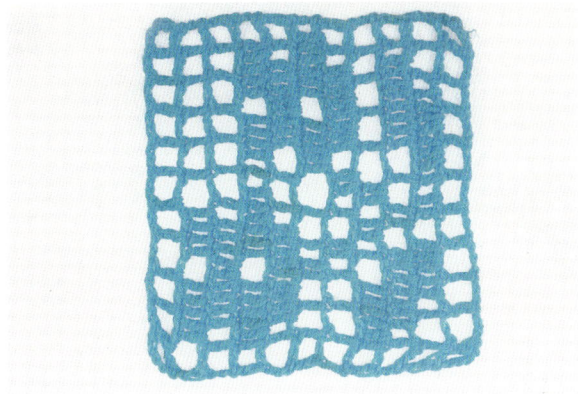

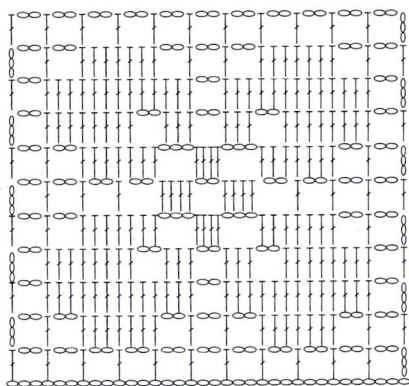

/531

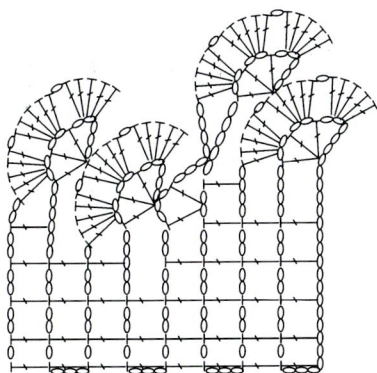

/532

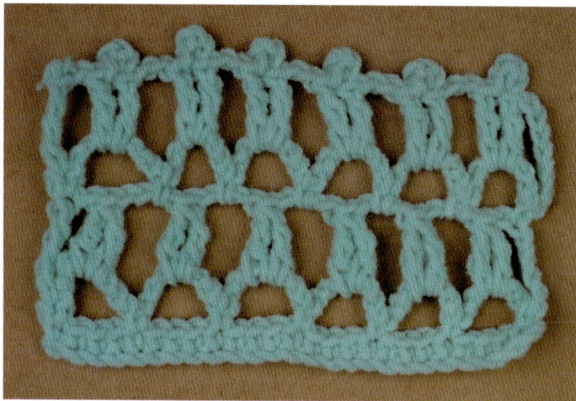

533/

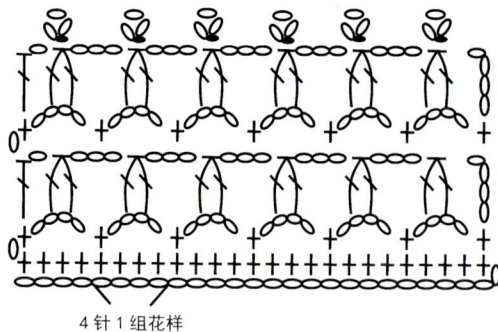

4针1组花样

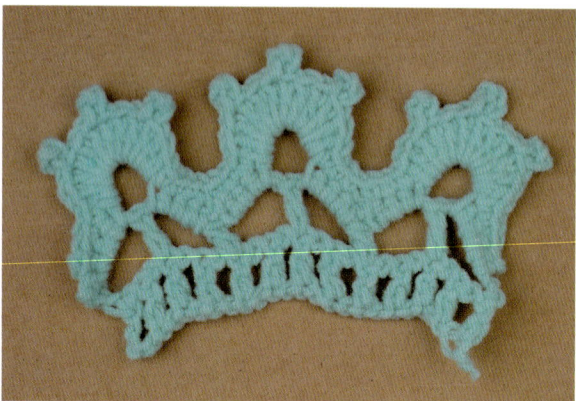

534/

8针1组花样

535/

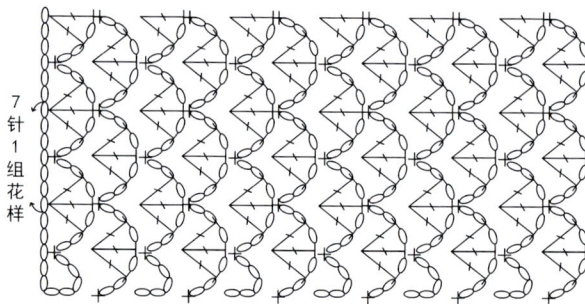

7针1组花样

536/

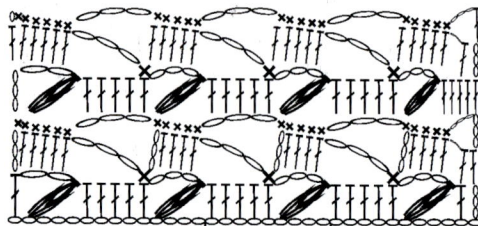

9针1组花样

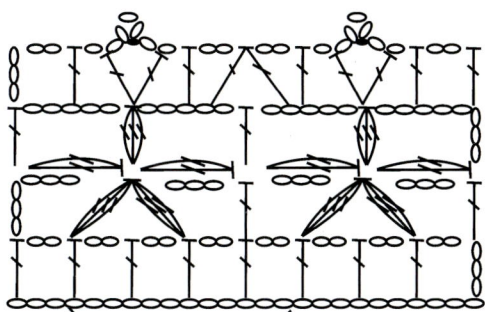

12 针 1 组花样

/537

8 针 1 组花样

/538

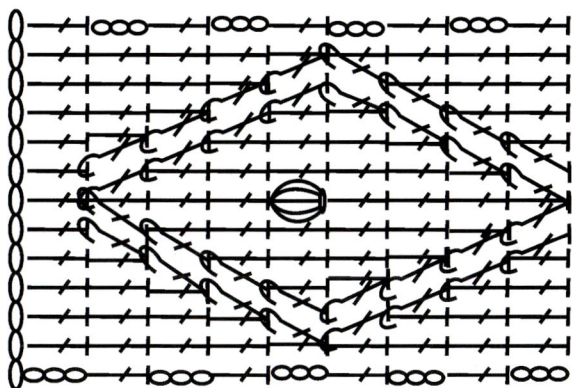

/539

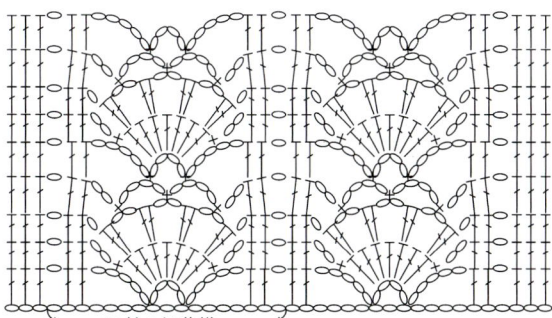

17 针 1 组花样

/540

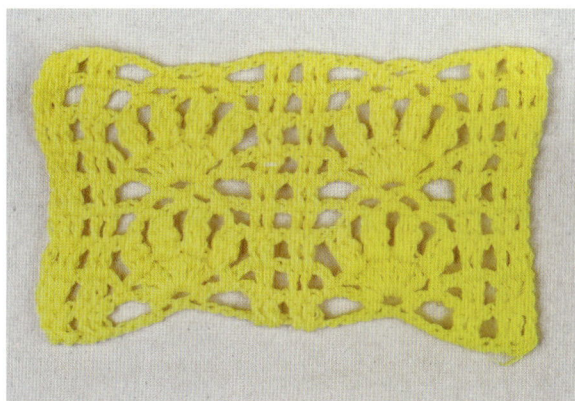

541/

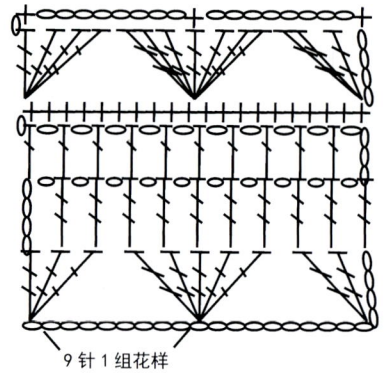

9 针 1 组花样

542/

5 针 1 组花样

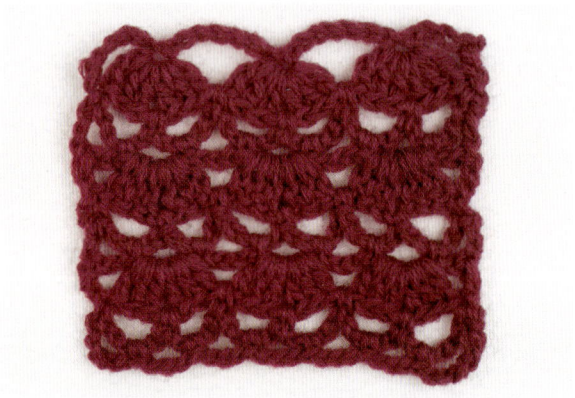

543/

6 针 1 组花样

544/

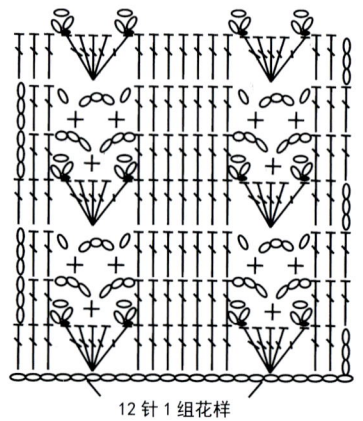

12 针 1 组花样

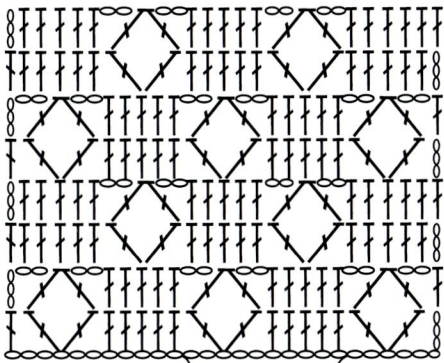

10 针 1 组花样

/545

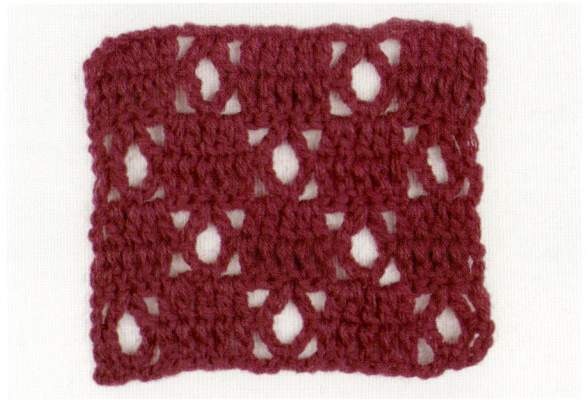

6 针 1 组花样

/546

6 针 1 组花样

/547

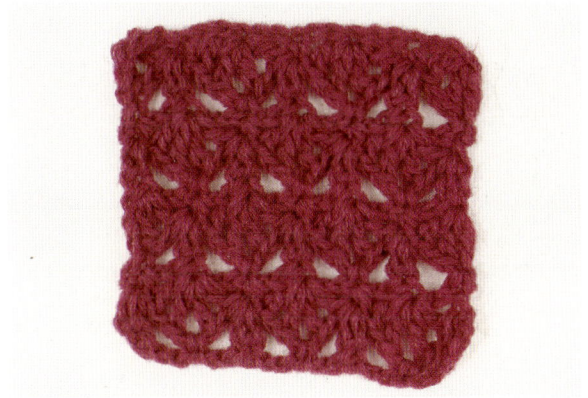

6 针 1 组花样

/548

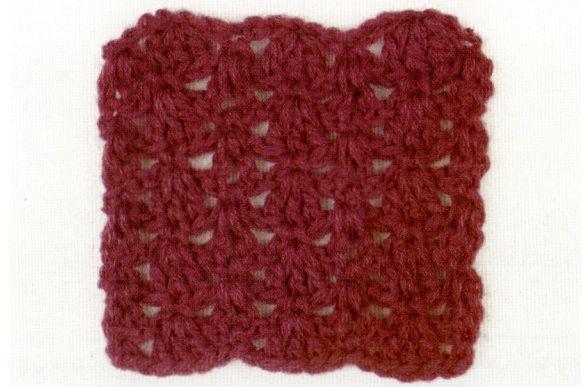

549/

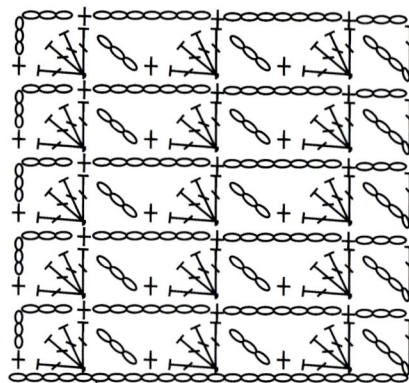

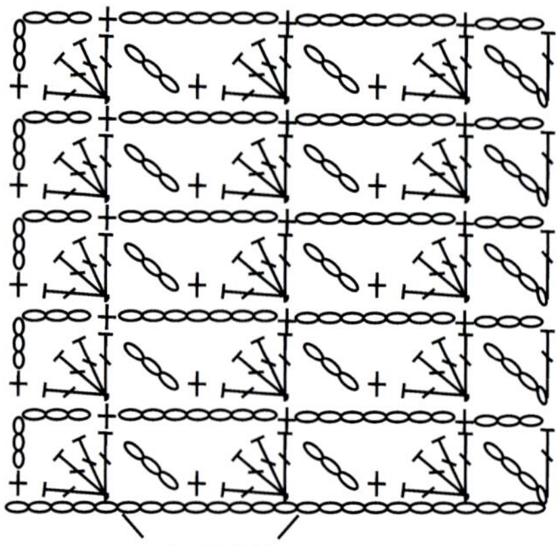

8 针 1 组花样

550/

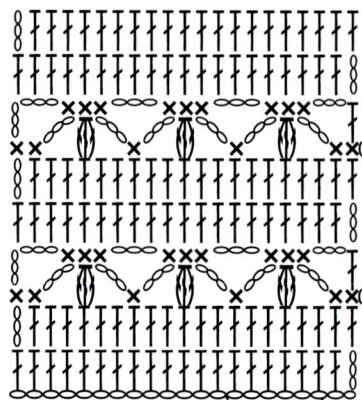

6 针 1 组花样

551/

12 针 1 组花样

552/

5 针 1 组花样

10 针 1 组花样

/553

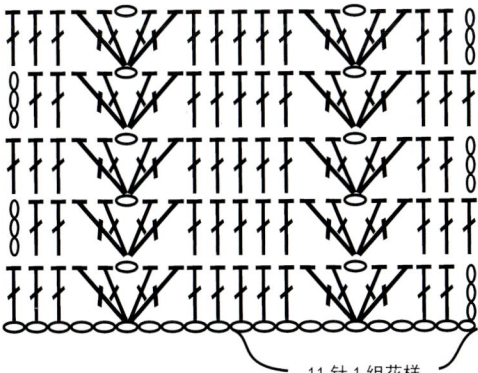

11 针 1 组花样

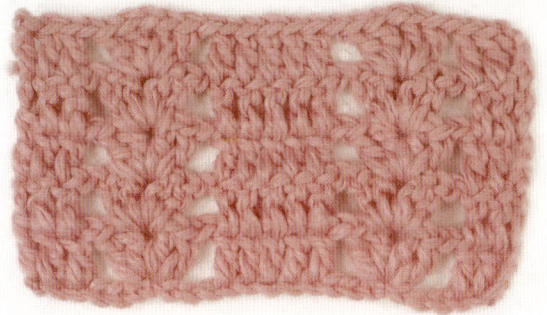

/554

2 针 1 组花样

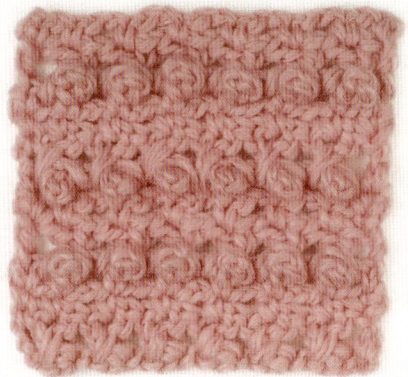

/555

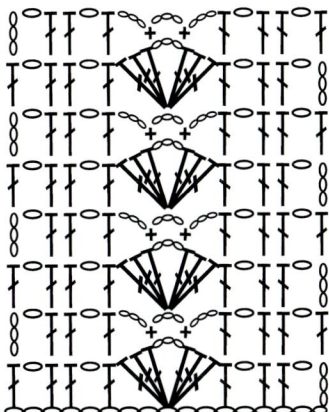

/556

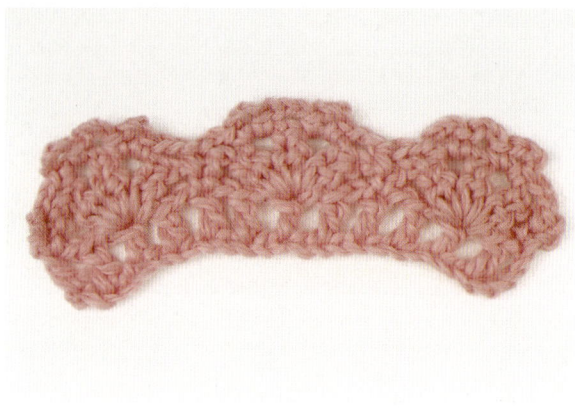

557/

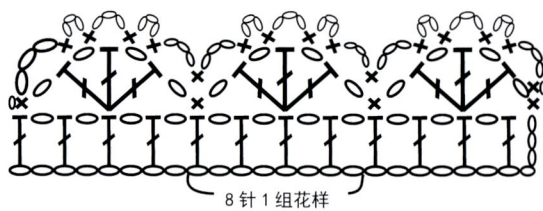

8 针 1 组花样

558/

6 针 1 组花样

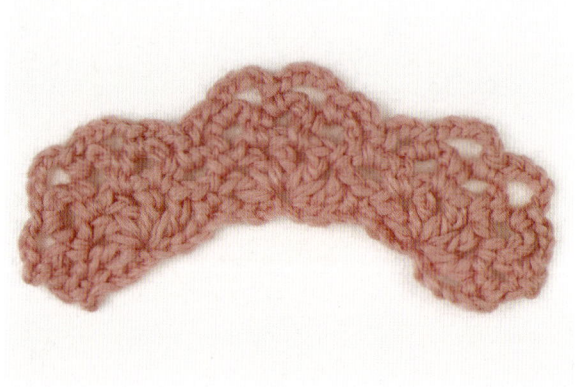

559/

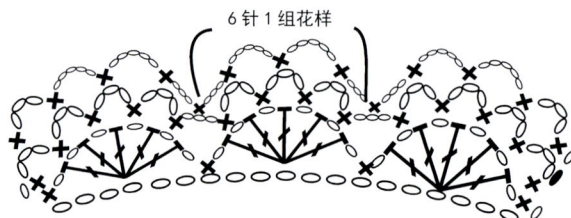

6 针 1 组花样

560/

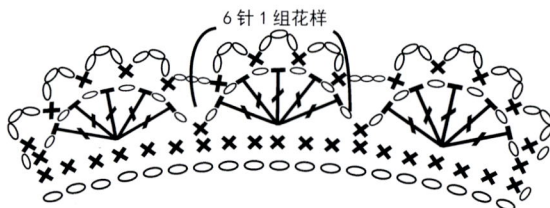

6 针 1 组花样

4 针 1 组花样

/561

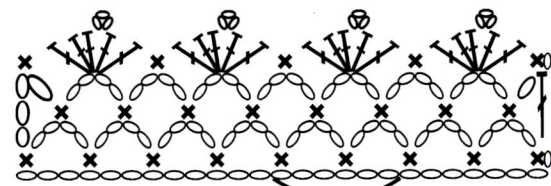

6 针 1 组花样

/562

4 针 1 组花样

/563

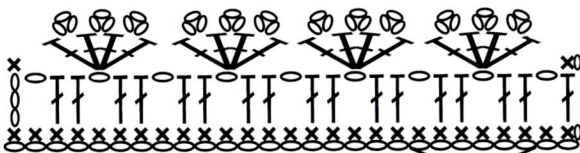

6 针 1 组花样

/564

565 /

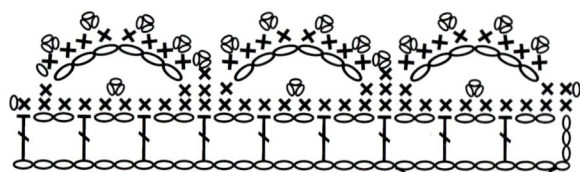

8 针 1 组花样

566 /

10 针 1 组花样

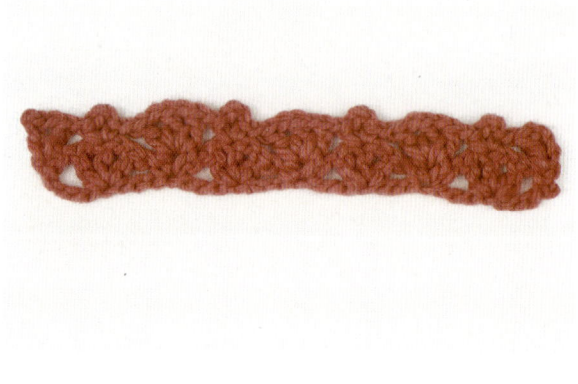

567 /

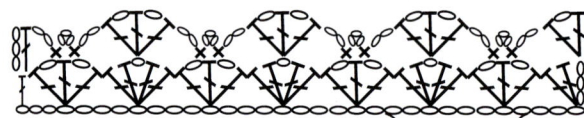

8 针 1 组花样

568 /

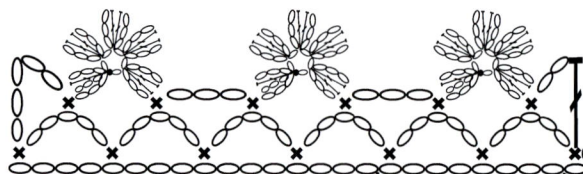

14 针 1 组花样

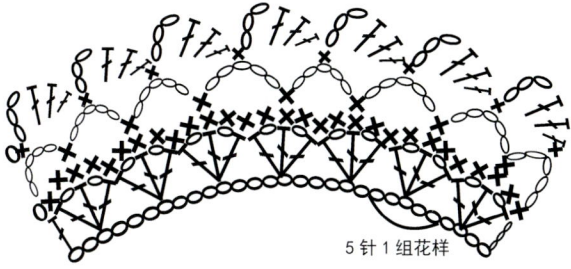

5针1组花样

/569

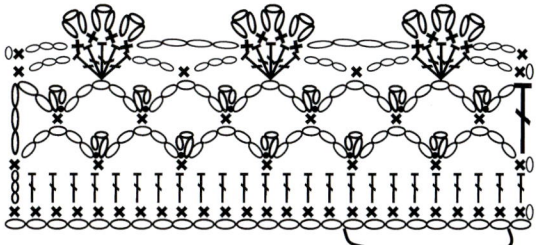

8针1组花样

/570

3针1组花样

/571

4针1组花样

/572

573/

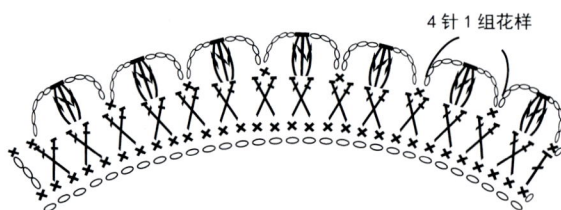

4 针 1 组花样

574/

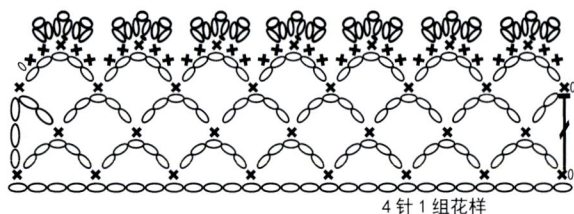

4 针 1 组花样

575/

3 针 1 组花样

576/

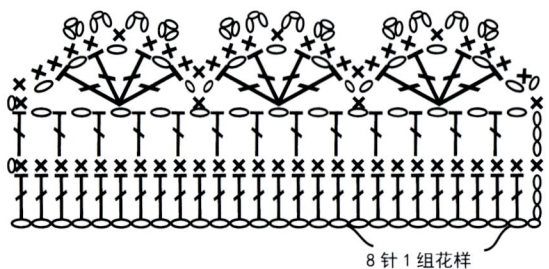

8 针 1 组花样

4针1组花样

/577

3针1组花样

/578

8针1组花样

/579

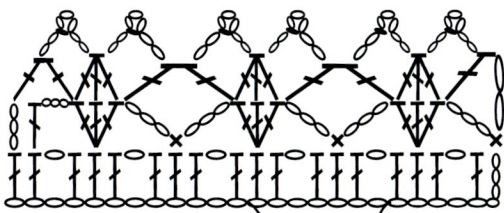

7针1组花样

/580

581 /

5针1组花样

582 /

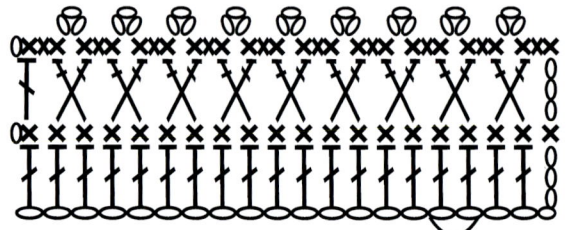

2针1组花样

583 /

2针1组花样

584 /

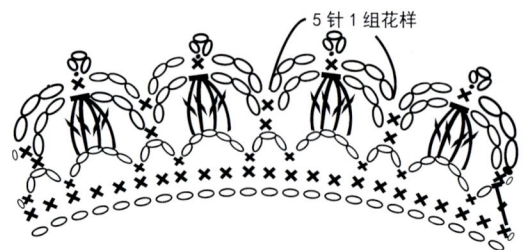

5针1组花样

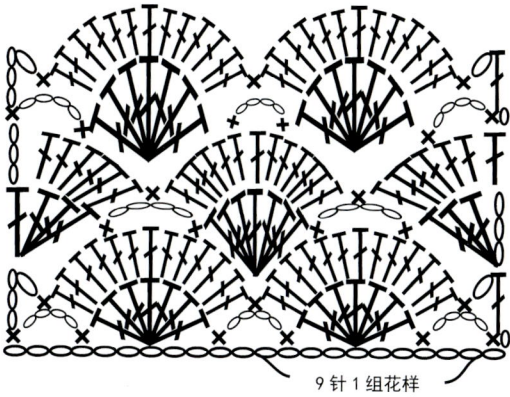

9 针 1 组花样

/585

10 针半花样

/586

/587

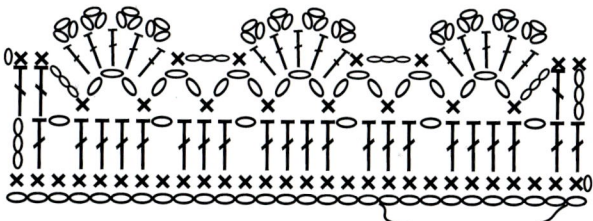

9 针 1 组花样

/588

589/

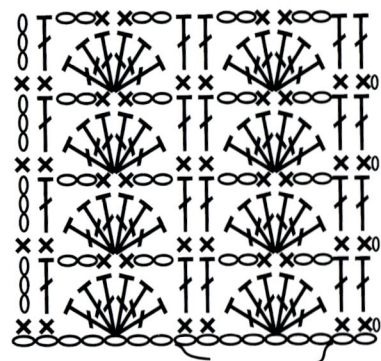

7 针 1 组花样

590/

12 针 1 组花样

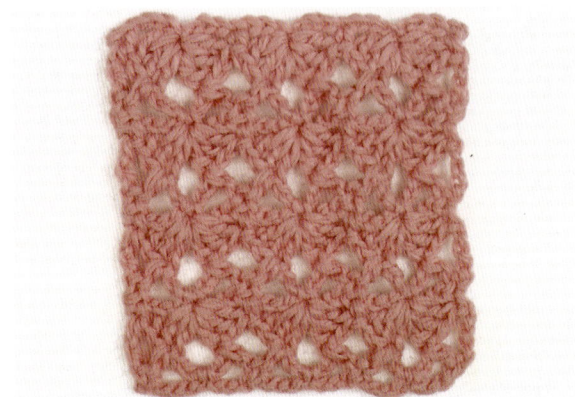

591/

12 针 1 组花样

592/

12 针 1 组花样

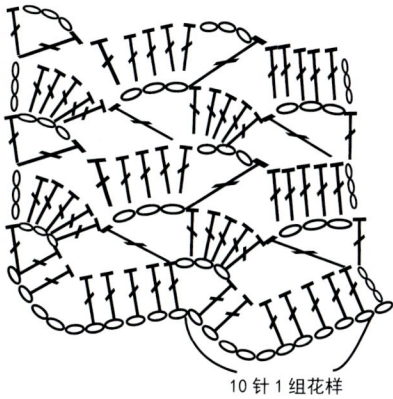

10 针 1 组花样

/593

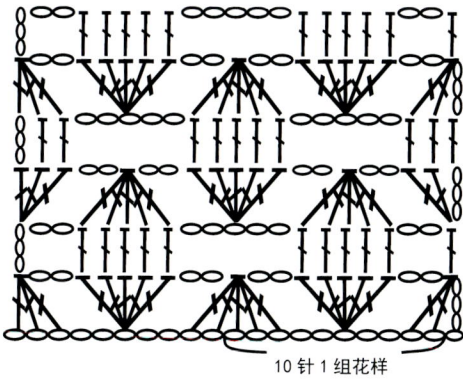

10 针 1 组花样

/594

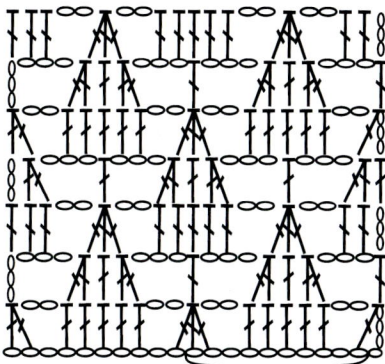

10 针 1 组花样

/595

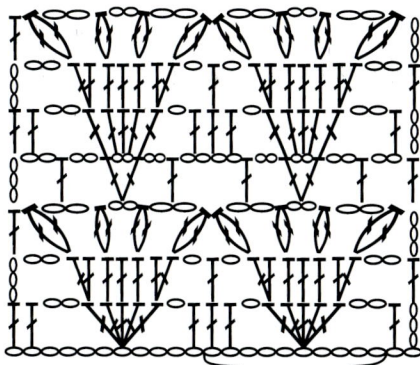

10 针 1 组花样

/596

597/

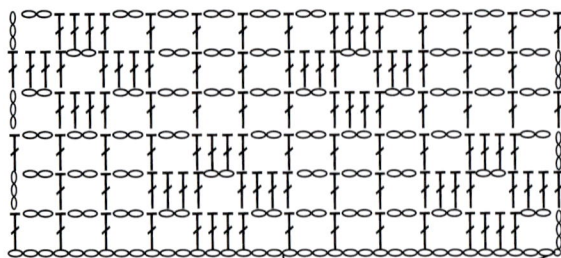

18 针 1 组花样

598/

12 针 1 组花样

599/

8 针 1 组花样

600/

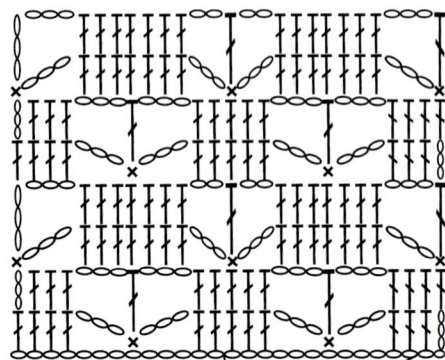

12 针 1 组花样